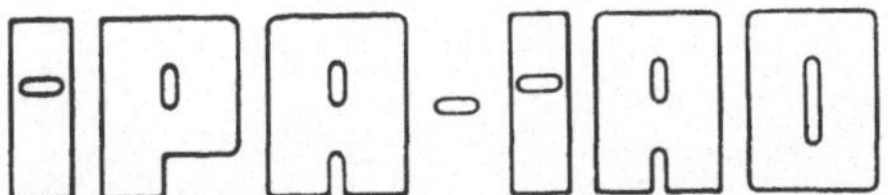

Forschung und Praxis

Band 231

Berichte aus dem
Fraunhofer-Institut für Produktionstechnik
und Automatisierung (IPA), Stuttgart,
Fraunhofer-Institut für Arbeitswirtschaft
und Organisation (IAO), Stuttgart,
Institut für Industrielle Fertigung und
Fabrikbetrieb der Universität Stuttgart und
Institut für Arbeitswissenschaft und
Technologiemanagement, Universität Stuttgart

Herausgeber: H. J. Warnecke und H.-J. Bullinger

Egbert Englert

Qualitätsgerechte Auslegung flexibler Produktionssysteme mit Hilfe von Simulation

Mit 60 Abbildungen

Springer-Verlag
Berlin Heidelberg New York
Barcelona Budapest Hongkong
London Mailand Paris
Santa Clara Singapur Tokio 1996

Dipl.-Ing. Egbert Englert
Fraunhofer-Institut für Produktionstechnik und Automatisierung (IPA), Stuttgart

Prof. Dr.-Ing. Dr. h. c. Dr.-Ing. E. h. H. J. Warnecke
o. Professor an der Universität Stuttgart
Fraunhofer-Institut für Produktionstechnik und Automatisierung (IPA), Stuttgart

Prof. Dr.-Ing. habil. Dr. h. c. H.-J. Bullinger
o. Professor an der Universität Stuttgart
Fraunhofer-Institut für Arbeitswirtschaft und Organisation (IAO), Stuttgart

D 93

ISBN-13: 978-3-540-61277-3   e-ISBN-13: 978-3-642-47881-9
DOI: 10.1007/ 978-3-642-47881-9

Gesamtherstellung: Copydruck GmbH, Heimsheim
SPIN 10538851   62/3020-6543210

Geleitwort der Herausgeber

Über den Erfolg und das Bestehen von Unternehmen in einer markt-
wirtschaftlichen Ordnung entscheidet letztendlich der Absatzmarkt.
Das bedeutet, möglichst frühzeitig absatzmarktorientierte Anforderungen sowie deren Veränderungen zu erkennen und darauf zu reagie-
ren.

Neue Technologien und Werkstoffe ermöglichen neue Produkte und er-
öffnen neue Märkte. Die neuen Produktions- und Informationstechno-
logien verwandeln signifikant und nachhaltig unsere industrielle
Arbeitswelt. Politische und gesellschaftliche Veränderungen signa-
lisieren und begleiten dabei einen Wertewandel, der auch in unse-
ren Industriebetrieben deutlichen Niederschlag findet.

Die Aufgaben des Produktionsmanagements sind vielfältiger und an-
spruchsvoller geworden. Die Integration des europäischen Marktes,
die Globalisierung vieler Industrien, die zunehmende Innovations-
geschwindigkeit, die Entwicklung zur Freizeitgesellschaft und die
übergreifenden ökologischen und sozialen Probleme, zu deren Lösung
die Wirtschaft ihren Beitrag leisten muß, erfordern von den Füh-
rungskräften erweiterte Perspektiven und Antworten, die über den
Fokus traditionellen Produktionsmanagements deutlich hinausgehen.

Neue Formen der Arbeitsorganisation im indirekten und direkten
Bereich sind heute schon feste Bestandteile innovativer Unternehmen. Die Entkopplung der Arbeitszeit von der Betriebszeit, integrierte Planungsansätze sowie der Aufbau dezentraler Strukturen
sind nur einige der Konzepte, die die aktuellen Entwicklungsrich-
tungen kennzeichnen. Erfreulich ist der Trend, immer mehr den Men-
schen in den Mittelpunkt der Arbeitsgestaltung zu stellen - die
traditionell eher technokratisch akzentuierten Ansätze weichen einer stärkeren Human- und Organisationsorientierung. Qualifizie-
rungsprogramme, Training und andere Formen der Mitarbeiterent-
wicklung gewinnen als Differenzierungsmerkmal und als Zukunftsin-
vestition in *Human Recources* an strategischer Bedeutung.

Von wissenschaftlicher Seite muß dieses Bemühen durch die Entwicklung von Methoden und Vorgehensweisen zur systematischen
Analyse und Verbesserung des Systems Produktionsbetrieb einschließlich der erforderlichen Dienstleistungsfunktionen unterstützt werden. Die Ingenieure sind hier gefordert, in enger Zusammenarbeit mit anderen Disziplinen, z.B. der Informatik, der Wirt-
schaftswissenschaften und der Arbeitswissenschaft, Lösungen zu er-
arbeiten, die den veränderten Randbedingungen Rechnung tragen.

Die von den Herausgebern geleiteten Institute, das

- Institut für Industrielle Fertigung und Fabrikbetrieb der
  Universität Stuttgart (IFF),

- Institut für Arbeitswissenschaft und Technologiemanagement (IAT)

- Fraunhofer-Institut für Produktionstechnik und Automatisierung
  (IPA),

- Fraunhofer-Institut für Arbeitswirtschaft und Organisation (IAO)

arbeiten in grundlegender und angewandter Forschung intensiv an
den oben aufgezeigten Entwicklungen mit. Die Ausstattung der
Labors und die Qualifikation der Mitarbeiter haben bereits in der
Vergangenheit zu Forschungsergebnissen geführt, die für die Praxis
von großem Wert waren. Zur Umsetzung gewonnener Erkenntnisse wird
die Schriftenreihe "IPA-IAO - Forschung und Praxis" herausgegeben.
Der vorliegende Band setzt diese Reihe fort. Eine Übersicht über
bisher erschienene Titel wird am Schluß dieses Buches gegeben.

Dem Verfasser sei für die geleistete Arbeit gedankt, dem Springer-
Verlag für die Aufnahme dieser Schriftenreihe in seine Angebots-
palette und der Druckerei für saubere und zügige Ausführung. Möge
das Buch von der Fachwelt gut aufgenommen werden.

                        H.J. Warnecke   H.-J. Bullinger

Vorwort

Die vorliegende Arbeit entstand während meiner Tätigkeit als wissenschaftlicher Mitarbeiter am Institut für Industrielle Fertigung und Fabrikbetrieb (IFF) sowie am Fraunhofer–Institut für Produktionstechnik und Automatisierung (IPA) in Stuttgart.

Herrn Prof. Dr.–Ing. Dr. h.c. mult. H.–J. Warnecke danke ich für die Unterstützung und Förderung im Zuge der Durchführung der Arbeit. Herrn Prof. Dr.–Ing. habil. Dr. h.c. Prof. e.h. H.–J. Bullinger danke ich für die Übernahme des Koreferates.

Zahlreiche Kollegen oben genannter Institute haben mir ihre Unterstützung gewährt, stellvertretend möchte ich die Herren Dr. rer. nat. K. Melchior, Dr.–Ing. W. Steger und besonders Herrn Dr.–Ing. W. Rauh nennen. Einen wesentlichen Anteil am Erfolg haben auch die Herren Dipl.–Ing. A. Ziegler, Dipl.–Inform. G. Franke, Dipl.–Ing. D. Gumpoltsberger, Dipl.–Ing. B. Biesinger und Dipl.–Ing. J. Weippert.

Die Anteilnahme und moralische Unterstützung meiner privaten Umgebung war ausschlaggebend für eine zügige Weiterführung der Arbeiten auch in "kritischen" Situationen. Ich möchte insbesondere meinen Eltern hierfür danken und ihnen diese Dissertation widmen.

Stuttgart, im Februar 1996   Egbert Englert

Inhalt

0 Formelzeichen und Abkürzungen

<u>Abkürzungen</u>

AG	Arbeitsgang
AVO	Arbeitsvorgang
CAD	Computer Aided Design
CAQ	Computer Aided Quality Assurance
DoE	Design of Experiments
FMEA	Fehlermöglichkeits– und –einflußanalyse
FTA	Fault Tree Analysis
FTS	Fahrerloses Transportsystem
HRC	Rockwellhärte
ID	Identnummer
IT	ISO–Toleranzklasse
MFU	Maschinenfähigkeitsuntersuchung
NC	Numerically Controlled
PFU	Prozeßfähigkeitsuntersuchung
PPS	Produktionsplanung und –steuerung
PSCM	Product Structure Configuration Management
QDES	Quality Data Exchange Specification
QM	Qualitätsmerkmal
QFD	Quality Function Deployment
QS	Qualitätssicherung
RPZ	Risikoprioritätszahl
SPC	Statistical Process Control
STEP	Standard for the Exchange of Product Model Data

<u>Formelzeichen (lateinisch)</u>

A	Spanungsquerschnitt
b	Spanungsbreite
c	Vorschub bzw. Anzahl Meßwerte
c_m	Maschinenfähigkeitsindex
c_{mk}	Maschinensicherheitsindex

c_p	Prozeßfähigkeitsindex
c_{pk}	Prozeßsicherheitsindex
d_a	Innendurchmesser Fertigteil
d_e	Innendurchmesser Rohteil
DHP	Kennzahl des David–Hartley–Pearson–Tests
f	Vorschub
H_0	Nullhypothese (Anfangshypothese)
h	Spanungshöhe
K	Konfidenzintervall
l_a	Ausgangslänge
l_e	Eingangslänge
P	Eintrittswahrscheinlichkeit (Konfidenzniveau)
p	Parameter der Regressionsgleichung
p_p	Prozeßfähigkeitspotential
p_{pk}	Prozeßsicherheitspotential
R	Regressand
s	Standardabweichung (real)
s^2	Varianz
t	Temperatur bzw. Wert der t–Verteilung
v_c	Schnittgeschwindigkeit
x	Einstellwert bzw. Nennmaß
y	Meßwert

Formelzeichen (griechisch)

α	Wärmeausdehnungskoeffizient bzw. Irrtumswahrscheinlichkeit
Δ	Differenz
μ	Prozeßmittelwert
ν	Freiheitsgrad
σ	Standardabweichung (theoretisch)

Formelzeichen (Symbole)

$\varnothing$	Durchmesser

1 Problemstellung und Zielsetzung

Der Zwang zu Flexibilisierung und Automatisierung ist aus wirtschaftlichen Gründen
vielerorts gegeben: Die Notwendigkeit einer Flexibilisierung wird durch den immer
härteren internationalen Wettbewerb hervorgerufen, der schnellste Markteinführung
neuer Produkte erfordert und in der Folge die Produktlebenszeiten drastisch verkürzt
(Abb. 1.1). Immer schnellere Innovationszyklen bei gleichzeitiger Diversifizierung
sind die Folge [Bullinger92]. Ein hoher Automatisierungsgrad ist dabei oft unumgäng-
lich, da zum einen innovative Hochtechnologieprodukte oft nur mit modernster Produktionstechnik hergestellt werden können und zum anderen die Belastung durch hohe
Lohnkosten zu entscheidenden Nachteilen im internationalen Wettbewerb führt
[Warnecke92].

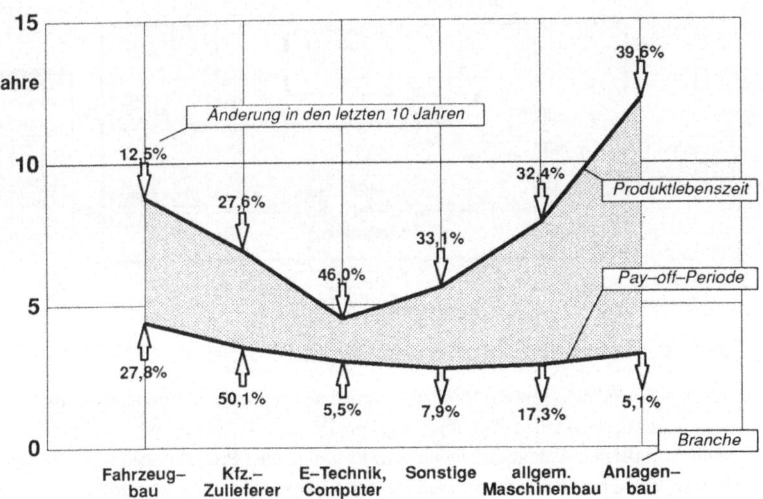

*Abb. 1.1: Produktlebenszeit und Pay-off-Periode im Vergleich
(nach [Bullinger92])*

Bei einer konsequenten Marktorientierung ist die Garantie für die Qualität der Produkte
– d.h. die Erfüllung der individuellen Qualitätsforderungen des Kunden – eine Selbst-
verständlichkeit [Bullinger92, Schmidt93]. Für viele kleine und mittelständische Unternehmen z.B. aus der Branche der Kraftfahrzeugzulieferer ist dies eine existentielle Be-
dingung [Pagenkopp90, Schreyer93].

Um diese Voraussetzungen zu erfüllen, müssen Produktionsprozesse bzw. Prozeßkombinationen gleichzeitig flexibel und sicher, d.h. beherrscht und damit qualitätsfähig sein.
Hohe Flexibilität bedeutet aber auch, daß eine entsprechende Prozeßauswahl und –auslegung mit konventionellen Qualitätsplanungsmethoden ein sehr komplexes, langwie-
riges, fachpersonalintensives und damit auch teures Unterfangen ist [Hodgson93].

Bereits bei einer relativ einfachen Planungsaufgabe wird deutlich, daß es wegen der Vielzahl der potentiellen und auch in der Praxis vorkommenden Kombinationsmöglichkeiten von Prozeßschritten und –komponenten [Tönshoff89, Ganiyusufoglu88] aufwendig ist, einen hinsichtlich der Produktqualität optimalen Produktionsablauf festzulegen (Abb. 1.2): Es ist erforderlich, alle in Frage kommenden Produktionsabläufe hinsichtlich des Einflusses der Bearbeitungsprozesse auf die zu erwartende Produktqualität zu betrachten. Dabei steht einem genauen und zugleich wirtschaftlich erreichten Planungsergebnis entgegen, daß die jeweiligen Einzelprozesse immer im Gesamtzusammenhang des Produktionsablaufs betrachtet werden müssen, weshalb Erkenntnisse aus konventionellen, weniger flexiblen Fertigungsprozessen nicht ohne weiteres übertragbar sind.

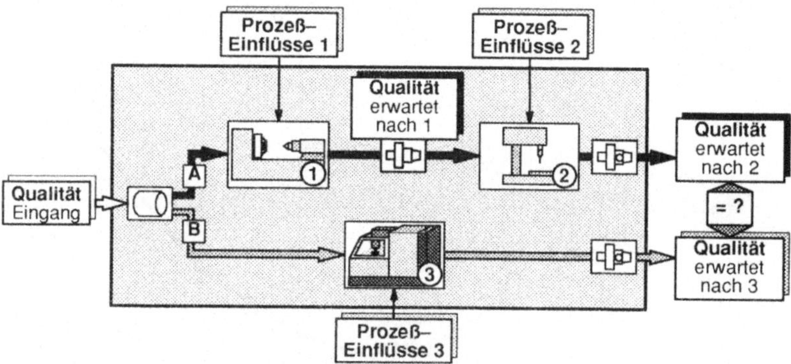

Abb. 1.2: Vergleich verschiedener Produktionsabläufe

Auch während des Betriebs flexibel automatisierter Anlagen treten bei der Bearbeitung von qualitätsbezogenen Planungsaufgaben ähnliche Probleme wie vor der Erstellung einer kompletten Anlage auf, wenn neue Produkte oder Produktvarianten gefertigt werden sollen. Unter anderem müssen folgende Fragen beantwortet werden:

- Kann ein Produkt mit den vorhandenen Mitteln in der gewünschten Qualität prinzipiell gefertigt werden?

- Wie sind die Auswirkungen auf das Gesamtverhalten der Anlage, wie beeinflußt beispielsweise die Einlastung neuer Produktvarianten die parallele Fertigung anderer Produkte auf der gleichen Anlage?

- Wie sind die Auswirkungen von Störfällen in der Anlage auf die Produktqualität?

Gegenwärtig wird versucht, dieser Problematik mit einer Anzahl meist analytischer Qualitätsplanungsmethoden, etwa Konstruktions–(Produkt–) und Prozeß–FMEA oder Vorserien–SPC zu begegnen [DGQ93, Pfeifer93]. Gerade bei hochflexiblen Produktspektren und Produktionsanlagen erweisen sich aber rein analytische Ansätze als nicht ausreichend: Bei steigender Flexibilität ist es dem Planer aus Kapazitätsgründen letztendlich nicht mehr möglich, alle in Frage kommenden Kombinationen von Einzelprozessen zu betrachten [Jünemann89]. Die Anwendung statistischer Methoden scheitert unter Umständen gerade bei kleinen Serien aufgrund des Fehlens einer hinreichend großen Grundgesamtheit [Oestreich92]. In der Praxis spielt daher das Erfahrungswissen des Planers eine entscheidende Rolle [Pfeifer90, Plapp92, Thole90].

Die aus der Kombination von Erfahrungswissen und konkreten, aus der Anwendung von Qualitätsplanungsmethoden resultierenden Planungsergebnisse sind aber oftmals nicht eindeutig nachzuvollziehen. Der Anteil eingeflossener Erfahrungen und deren Auswirkungen ist nicht dokumentiert und mit konventionellen Hilfsmitteln auch nur unzureichend dokumentier- und nachvollziehbar. Diese Situation hat zur Folge, daß eine erfolgreiche Qualitätsplanung sehr stark von Einzelpersonen abhängt; das Arbeiten in abteilungsübergreifenden Teams und der gezielte Rückgriff auf vorliegende Erfahrungen und ein der gesamten Planungsaufgabe angemessener Rechnereinsatz sind (abgesehen von Einzellösungen zur Unterstützung unterschiedlicher konventioneller Methoden zur Qualitätsplanung wie etwa durch [Tönshoff89] oder [Mai91] beschrieben) kaum möglich [Warnecke93].

In diesem Zusammenhang bietet sich der Einsatz der Simulation als ganzheitliches Hilfsmittel für die vorliegende Problematik an. Unter der Voraussetzung einer geeigneten Modellierung qualitätstechnisch relevanter Eigenschaften von Produkten, Bearbeitungsprozessen und Fertigungseinrichtungen ist es möglich, empirisches und theoretisches technisches und formales Wissen kombiniert auf einer Integrationsplattform zu berücksichtigen und zu dynamisieren, das heißt im planerischen Gesamtzusammenhang anzuwenden und es damit transparent zu machen sowie zu erweitern [Englert93].

Bereits im Vorfeld der eigentlichen Fertigung können somit verschiedene Produktionsszenarien unter dem Gesichtspunkt der Qualität betrachtet werden; am Simulationsmodell können schon vor dem Aufbau bzw. dem Betrieb einer Fertigungsanlage gewissermaßen "Erfahrungswerte" gesammelt und ausgewertet werden.

Als Hilfsmittel bei der Planung von Produktionsanlagen und Prozessen hat sich die Simulation vor allem in den Bereichen der Materialflußplanung und der Planung spezifischer Bearbeitungs- und Handhabungsprozesse etabliert und wird in der Zukunft weiter an Bedeutung gewinnen [Miller89, Noche91, Scharf90]. Die diesen Simulationsanwendungen zugrundeliegenden Modelle sind jedoch zur Betrachtung qualitätsspezifischer Probleme entweder grundsätzlich nicht geeignet oder aber zu sehr spezialisiert (z.B. auf die Betrachtung bestimmter Bearbeitungsprozesse) um für übergeordnete Planungsaufgaben innerhalb flexibler Produktionssysteme einsetzbar zu sein:

Die zum Zweck der Materialflußsimulation verwendeten Modelle und die auf ihnen basierenden Simulationssysteme sind fast ausschließlich ähnlichen Typs (diskret, transaktionsorientiert – siehe z.B. [Möller92]). Sie sind sehr gut zur Abbildung stationärer und mobiler Komponenten in ihrem logistischen Verhalten geeignet [Koelsch92, Singh91]. Die Repräsentation des zeitlichen Verhaltens der Systemelemente ist bei den meisten Materialflußsimulatoren – unter den Randbedingungen der diskreten Modellierung – ebenfalls möglich [Möller92, Schmidt78]. Um Qualitätsveränderungen an einem Produkt etwa im Zuge eines Bearbeitungsprozesses allgemeingültig abzubilden, reicht eine diskrete Modellierung allerdings nicht aus.

Die Ansätze zur Modellierung von Bearbeitungs– und Handhabungsprozessen sind dagegen wesentlich vielfältiger (siehe z.B. [Aye92, Schade90, Schuler89]). Konventionelle mathematische Modelle sind in den entsprechenden Simulationsinstrumenten jedoch auf spezielle Einsatzzwecke abgestimmt und nicht verallgemeinerbar. Ansätze zur wissensbasierten Modellierung weisen dagegen prinzipiell die Möglichkeit großer Einsatzflexibilität bei gleichzeitig hoher Bedienerfreundlichkeit auf [Mertens89, Wang93]. Derartige Systeme, wie etwa die in [Haddock90] oder [Krauth93] beschriebenen, befinden sich bislang aber erst im konzeptionellen bzw. experimentellen Stadium.

In der vorliegenden Arbeit sollen Grundlagen zur Realisierung eines Simulationssystems zur Betrachtung qualitätsrelevanter Abläufe in flexiblen Produktionssystemen entwickelt werden, mit dem folgende Ziele erreicht werden können:

- Prozeßschritte und Prozeßkomponenten sollen hinsichtlich der Erreichung von Qualitätszielwerten definierbar und auswählbar werden, die Planung von Qualitäts– und Prüfmerkmalen, Prüfhäufigkeit und Meßmitteleinsatz wird unterstützt.

- Beim Einsatz des Simulationssystems in der Planungsphase soll eine Optimierung von Varianten des Produktionsablaufs abhängig von Qualitätszielwerten ermöglicht werden.

- Während des Betriebs bestehender Produktionsanlagen soll durch das Simulationssystem die Untersuchung realer Systeme auf Effizienz und die Ermittlung der Auswirkungen von Veränderungen qualitätsrelevanter Parameter auf die Fertigungsanlage (Störfälle, Produktmix, Produktspektrum etc.) vorgenommen werden können.

Das Simulationssystem ist dabei als Ergänzung des Spektrums konventioneller Methoden der präventiven Qualitätssicherung wie etwa FMEA, Maschinen– und Prozeßfähigkeitsuntersuchungen oder Versuchsplanungsmethoden zu verstehen (Abb. 1.3).

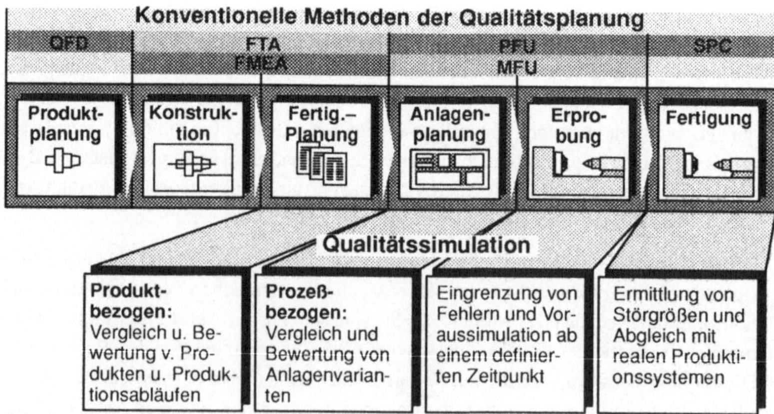

Abb. 1.3: Qualitätssimulation als Ergänzung konventioneller Methoden der Qualitätssicherung

Die folgenden Vorteile sind beim Einsatz des Simulationssystems zu erwarten:

- Bei Projekten mit komplexem Systemverhalten kann die Planungsphase bei gleichzeitiger Verringerung von Planungsfehlern verkürzt werden.

- Durch die Aufbereitung vorhandenen Expertenwissens wird die Erschließung von Rationalisierungspotentialen ermöglicht.

- Das Verständnis für das Zusammenwirken einer großen Anzahl von Systemelementen und Parametern wird erhöht, das dynamische Systemverhalten wird transparent.

- Ein realistischer Vergleich unterschiedlicher Varianten von Erzeugnissen und Produktionssystemen (Kombinationen von Produktionsprozessen) wird ermöglicht.

- Stochastische Einflüsse können im planerischen Gesamtzusammenhang berücksichtigt und beurteilt werden.

- Der Einfluß bestimmter Systemparameter kann quantifiziert werden.

- Das Leistungspotential und die Rationalisierungsreserven sowohl von geplanten Lösungsalternativen als auch von bestehenden Anlagen werden quantifizierbar.

- Die Möglichkeit der Beobachtung des Systemverhaltens im Modell über einen längeren Zeitraum unterstützt die Dimensionierung von Systemelementen.

- Eine Erkenntnisableitung wird ermöglicht, auch wenn keine mathematisch einfach formulierbaren bzw. lösbaren Gesetzmäßigkeiten vorliegen oder wenn die Eingangsgrößen des Systems lediglich als statistische oder quantitative Beschreibung vorliegen.

Ausgehend von der beschriebenen Zielvorstellung ergeben sich folgende Arbeitsschwerpunkte, die die weitere Vorgehensweise begründen:

In Kapitel 2 erfolgt eine Darstellung gebräuchlicher Methoden zur Qualitätssicherung in der Definitions– und Planungsphase und eine Untersuchung ihrer Eignung zur Lösung von Planungsaufgaben zur qualitätsgerechten Auslegung flexibler Produktionssysteme. Die ermittelten Defizite beschreiben den durch ein Simulationsmodell zur Qualitätsplanung zu betrachtenden Problembereich.

Von essentieller Bedeutung für die Aussagefähigkeit von Qualitätsplanungsergebnissen ist die Güte der ihnen zugrundeliegenden Informationen über den jeweiligen Untersuchungsgegenstand. In Kapitel 3 wird ein Konzept zur Akquisition und analytischen Aufbereitung von Wissen über die jeweils betrachteten Produkte und Fertigungsprozesse aus dem Unternehmen dargestellt. Bei der vorgestellten Analysemethode wird dabei der Schwerpunkt auf die Untersuchung spanender Bearbeitungsprozesse und deren Einfluß auf geometrische Produktmerkmale gelegt.

Kapitel 4 dient der Herleitung und Beschreibung eines Informationsmodells, das die Grundlage für ein Simulationssystem zur Qualitätsplanung bildet. Es ermöglicht die Abbildung qualitätsrelevanter Eigenschaften von Produkten und Prozessen und deren dynamischen Verhaltensweisen (d.h. die Abbildung von Qualitätsveränderungen im Gesamtsystem).

Eine beispielhafte praktische Umsetzung des Informationsmodells erfolgt in Form der Implementierung eines Simulationssystems zur Qualitätsplanung mit dem Schwerpunkt auf spanenden Fertigungsprozessen, die in Kapitel 5 erläutert wird. Die praktischen Anwendungsmöglichkeiten des Simulationssystems werden anhand eines Beispiels aus dem Bereich der Bearbeitung von Drehteilen in Kapitel 6 dargestellt.

2 Methoden der Qualitätssicherung in der Definitions– und Planungsphase

Zur Beurteilung der Qualität in einem letztendlich numerisch operierenden Simulationssystem können nur objektive, d.h. meßbare Eigenschaften herangezogen werden. Ausgehend von [DIN55350] wird die Produktqualität durch den Grad der Erfüllung von Qualitätsmerkmalen abgebildet. Der Begriff Qualitätsmerkmal wird detailliert dargelegt.

Abb. 2.1: Produktentstehungsphasen und QS–Methoden

Es erfolgt eine Darstellung gebräuchlicher Methoden der Qualitätssicherung in der Definitions– und Planungsphase (Abb. 2.1). Der Schwerpunkt liegt auf Maßnahmen, die eine Optimierung der Fertigungsprozesse zum Ziel haben. Die dargestellten Methoden werden in den allgemeinen Ablauf der Fertigungsvorbereitung eingeordnet, die Zielsetzung, Vor– und Nachteile sowie der Stand der Rechnerunterstützung dieser Methoden werden erörtert. Nachteile existierender Lösungen werden aufgezeigt, woraus sich die Grundlage des Anforderungsprofils für das zu erstellende Modell und seine Implementierung ergibt.

Der Schwerpunkt der Anwendung des zu erstellenden Simulationssystems liegt im Bereich der präventiven Qualitätssicherung. Dennoch muß an dieser Stelle ein Zusammenhang zu operativen Maßnahmen der Qualitätssicherung (Qualitätslenkung, –Steuerung, –Regelung) hergestellt werden, da einerseits Problemstellungen der Qualitätssicherung während des Betriebs flexibler Produktionsanlagen – etwa die kurzfristige Vorhersage der Qualitätslage bei geänderten Randbedingungen – prinzipiell auch von einem geeigneten Simulator bearbeitet werden können. Zum anderen erlaubt die Betrachtung operativer Qualitätssicherungsmethoden auch Rückschlüsse auf die Anforderungen, die an Methoden der präventiven Qualitätssicherung gestellt werden müssen.

2.1 Beschreibung der Produktqualität

Der Begriff "Qualität" wird nach [DIN55350] folgendermaßen definiert:

"Gesamtheit von Eigenschaften und Merkmalen eines Produktes oder einer Tätigkeit, die sich auf deren Eignung zur Erfüllung gegebener Erfordernisse beziehen."

Die "gegebenen Erfordernisse" werden z.B. in [DINISO8402] als "Qualitätsforderungen" bezeichnet. Der Begriff "Qualitätsmerkmal" wird demnach wie folgt bestimmt:

"Eine Eigenschaft, welche das Identifizieren oder das Unterscheiden von Einheiten ermöglicht, und die beschrieben oder untersucht werden kann, um die Erfüllung oder Nichterfüllung der Qualitätsforderung festzustellen".

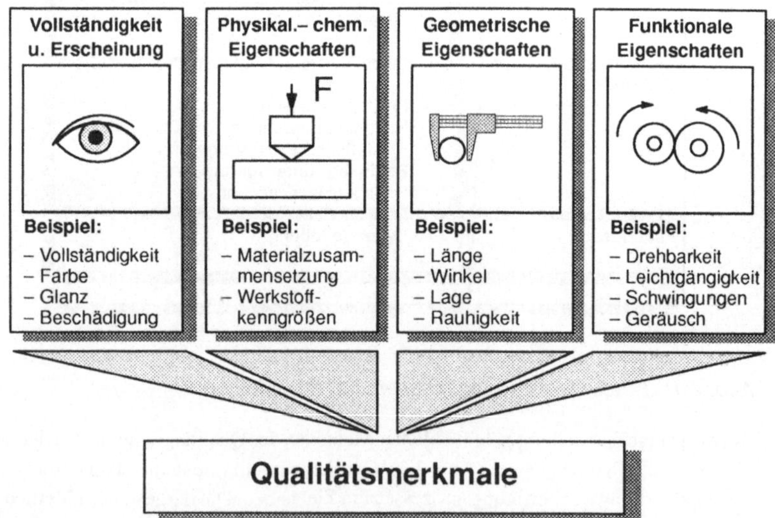

Abb. 2.2: Einteilung der Qualitätsmerkmale

Der Begriff Qualitätsmerkmal wird zur Beschreibung aller Eigenschaften eines Erzeugnisses eingesetzt. Dies umfaßt den Bereich der Werkstoffkenngrößen, die Geometriedaten, die Funktionskenngrößen und die optische Erscheinung [PPSF87].

Der Begriff Qualitätsmerkmal wird zur Beschreibung aller Eigenschaften eines Erzeugnisses eingesetzt. Dies umfaßt den Bereich der Werkstoffkenngrößen, die Geometriedaten, die Funktionskenngrößen und die optische Erscheinung [PPSF87].

Es sei in diesem Zusammenhang auf die Vielzahl von Definitionsansätzen für die Grundbegriffe der Qualitätssicherung hingewiesen, die zur Zeit verwendet werden und durchaus nebeneinander Gültigkeit besitzen (z.B. [DINISO8402, DGQ93]). Es erfolgt derzeit auf internationaler Ebene eine Vereinheitlichung der Begriffswelt im Bereich der Qualitätssicherung bzw. des Qualitätsmanagements, die allerdings zur Zeit weder abgeschlossen noch rechtsverbindlich ist [Pfeifer93]. In der vorliegenden Arbeit werden deshalb durchgehend die im deutschen Sprachraum bereits eingeführten Begriffe verwendet.

Die Qualitätsmerkmale lasssen sich in die in Abb. 2.2 dargestellten Gruppen einteilen. In der Feinklassifizierung lassen sich die geometrischen Qualitätsmerkmale, die im Rahmen der vorliegenden Arbeit exemplarisch näher betrachtet werden, wie in Abb. 2.3 dargestellt unterscheiden.

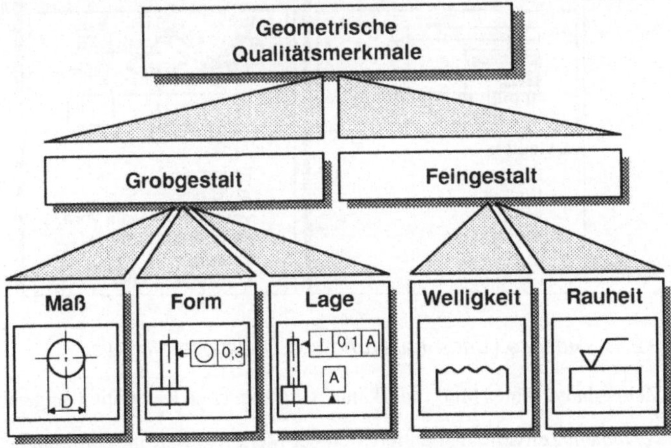

Abb. 2.3: Einteilung geometrischer Qualitätsmerkmale (nach [Dutschke93])

Die Eigenschaften von Qualitätsmerkmalen lassen sich nach

- ihrer Stetigkeit,

- ihrer Skalierung,

- ihrem Zeitverhalten und nach

- der Charakteristik ihres Erzeugerprozesses

einteilen [Frick88].

Hierbei sind *stetige* Qualitätsmerkmale alle, deren Eigenschaften meßbar sind. Im Bereich der Qualitätssicherung findet die Bezeichnung "variables Qualitätsmerkmal" Verwendung (Abb. 2.4). Es ist zu beachten, daß diese Bezeichnung keine Aussage im Sinne des zeitlichen Verhaltens eines Qualitätsmerkmals trifft. Beispiele für variable Qualitätsmerkmale sind Länge, Temperatur oder Gewicht.

Unstetig sind alle Qualitätsmerkmale, deren Eigenschaften gezählt werden können. Diese Merkmale werden in Anlehnung an die im Qualitätswesen gebräuchlichen Begriffe als "attributive Qualitätsmerkmale" bezeichnet (Abb. 2.4). Beispiele für attributive Qualitätsmerkmale sind die Anzahl der Teile oder die Anzahl von Rissen.

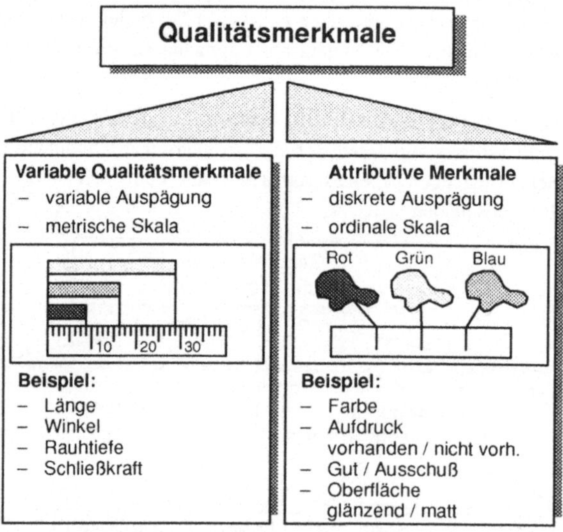

Abb. 2.4: Stetigkeit und Skalierung von Qualitätsmerkmalen

Das Zeitverhalten eines Merkmals kann in die folgenden Kategorien eingeteilt werden:

Bei *variablem* Zeitverhalten ändert sich der Merkmalswert im Zeitraum der Betrachtung. Dieses Zeitverhalten liegt bei Qualitätsmerkmalen nicht vor. Es wird immer von einem konstanten Merkmalswert während der Betrachtungsdauer des Qualitätsmerkmals (z.B. Meß– oder Prüfdauer) ausgegangen, es weist also ein *konstantes* Zeitverhalten auf.

In der Realität weisen alle Ausprägungen von Qualitätsmerkmalen stochastischen, d.h. den Wahrscheinlichkeitsgesetzen unterliegende Eigenschaften auf. Auch wenn Merkmalsausprägungen theoretisch etwa durch einen funktionalen Zusammenhang beschrieben werden können (z.B. eine Wärmeausdehnung), also deterministischen Charakter haben, können sie immer durch zufällige Ereignisse beeinflußt werden.

2.2 Präventive Methoden der Qualitätssicherung

Präventive Methoden der Qualitätssicherung sind dem Bereich der Qualitätsplanung zuzuordnen. Nach [DIN55350] ist die Qualitätsplanung definiert als

"Auswählen, Klassifizieren und Gewichten der Qualitätsmerkmale sowie schrittweises Konkretisieren aller Einzelforderungen an die Beschaffenheit zu Realisierungsspezifikationen, und zwar im Hinblick auf die durch den Zweck der Einheit gegebenen Erfordernisse, auf das Anspruchsniveau und unter Berücksichtigung der Realisierungsmöglichkeiten".

In [Pfeifer93] erfolgt eine weniger abstrakte Formulierung mit

"Festlegung qualitätskonformer Produkt– und Realisierungsspezifikationen".

Dabei ist die Abhängigkeit der Realisierungsspezifikationen (im weiteren als Prozeßspezifikationen bezeichnet) von der zuvor getroffenen Produktspezifikation ein im vorliegenden Problembereich wesentlicher Aspekt der Qualitätsplanung.

Im folgenden wird mit Quality Function Deployment die z.Zt. am weitesten entwickelte Methodik zur den gesamten Produktentstehungsprozeß umfassenden Unterstützung bei der Festlegung marktgerechter Produkteigenschaften und der Ableitung entsprechender Prozeßeigenschaften vorgestellt.

Die weiteren Abschnitte befassen sich mit Vorgehensweisen, die einen weniger ganzheitlichen Ansatz verfolgen und teilweise sowohl zur Festlegung von Produkt– als auch von Prozeßspezifikationen zu unterschiedlichen Zeitpunkten des Produktentstehungsprozesses genutzt werden können. Diese Methoden werden hier der eingangs geschilderten Problemstellung gemäß als Hilfsmittel zur Prozeßplanung beschrieben, deren Zielgrößen durch die Produktspezifikation festgelegt werden.

2.2.1 Quality Function Deployment

Quality Function Deployment (QFD) ist eine Methode zur Abstimmung von Produkt– oder Prozeßmerkmalen mit Kundenforderungen [Akao90, Sriraman90]. Das prinzipielle Vorgehen bei dieser Methode gliedert sich nach [ASI87] in folgende Schritte:

1. Ermittlung der Kundenanforderungen

2. Ableitung und Gewichtung der Qualitätsmerkmale

3. Festlegung der Zielgrößen

4. Prüfen auf Wechselwirkungen zwischen den Qualitätsmerkmalen

5. Leistungsvergleiche (z.B. mit Konkurrenzprodukten)

Die Grundidee des QFD ist die Begleitung des Produkts und der zugehörigen Prozesse von der Entwicklung bis zur Serienproduktion. Die 5 oben beschriebenen systematischen Schritte sollen demnach in den in Abb. 2.5 dargestellten vier Phasen von der Kundenforderung bis zur Festlegung der Fertigungsmittel durchgeführt werden.

Den grundsätzlichen Vorteilen des QFD

- systematischer Aufbau,

- Beteiligung aller an der Qualitätsplanung beteiligter Unternehmensbereiche und

- starke Kundenorientierung

stehen die folgenden Nachteile gegenüber:

- QFD erfordert zeit– und kostenintensive Diskussionen von Expertenteams.

- Bei konsequenter Durchführung des QFD steigt die Komplexität der zu bearbeitenden Aufgabe von Bearbeitungsphase zu Bearbeitungsphase stark an. Wegen des damit verbundenen immer höheren Aufwands ist die Anwendung von QFD nur bis zur Stufe der Komponentenplanung wirtschaftlich sinnvoll [Pfeifer93].

- Die Hilfsmittel zur Darstellung ("House of Quality", vgl. Abb. 2.5) sind bereits bei geringer Aufgabenkomplexität unübersichtlich.

- Die Unterstützung von QFD durch wissensbasierte Softwareinstrumente wäre für die oben aufgeführten Nachteile sinnvoll. Erste Ansätze wie z.B. in [Simon92] oder [Sriraman90] beschrieben befinden sich aber noch im konzeptionellen Stadium. Dies hat zur Folge, daß es zur Zeit nicht möglich ist, z.B. vorhandenes Wissen aus vorangegangenen QFD–Untersuchungen formalisiert zu speichern und somit zur Erhöhung der Effektivität nachfolgender Untersuchungen ähnlicher Problemstellungen zu nutzen.

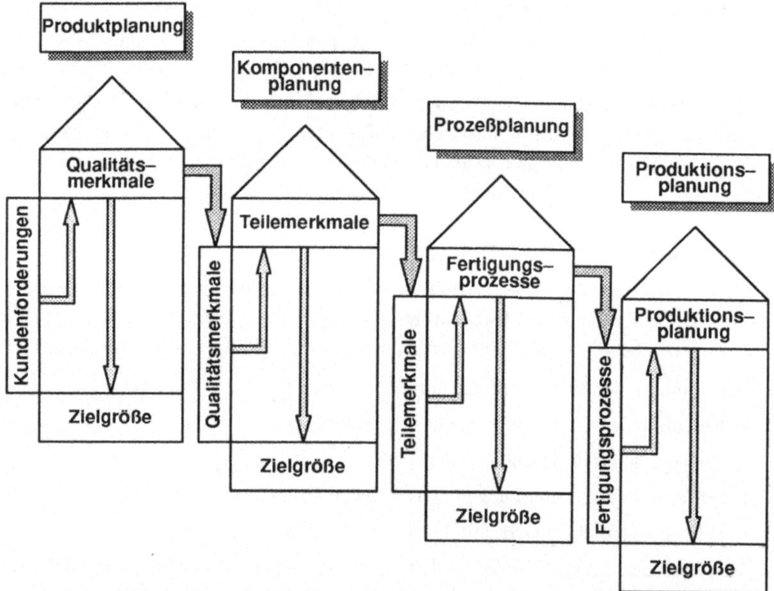

Abb. 2.5: Ablauf eines Quality Function Deployment (nach [ASI87])

2.2.2 Fehlerbaumanalyse und verwandte Methoden

Der Zweck der Fehlerbaumanalyse (Fault Tree Analysis – FTA) ist gemäß [DIN25424] folgendermaßen definiert:

"Ermittlung der logischen Verknüpfungen von Komponenten– oder Teilsystemausfällen, die zu einem unerwünschten Ereignis führen. Ziele der Analyse sind im einzelnen:

- *die systematische Identifizierung aller möglichen Ausfallkombinationen (Ursachen), die zu einem vorgegebenen unerwünschten Ereignis führen,*

- *die Ermittlung von Zuverlässigkeitskenngrößen, wie z.B. Eintrittshäufigkeiten der Ausfallkombinationen, Eintrittshäufigkeit des unerwünschten Ereignisses oder Nichtverfügbarkeit des Systems bei Anforderung."*

Im Zuge einer Fehlerbaumanalyse erfolgt eine systematische Suche nach Ursachen für einen vorgegebenen Fehler auf der Grundlage einer zuvor durchgeführten Systemanalyse durch Aufstellen eines Fehlerbaums (Abb. 2.6). Die Ergebnisse einer Fehlerbaumanalyse beinhalten Aussagen über die wesentlichen Einflußgrößen bezüglich der Zuverlässigkeit eines Produktes oder Prozesses (bzw. Prozeßzustandes) und deren Zusammenhänge [Klein92].

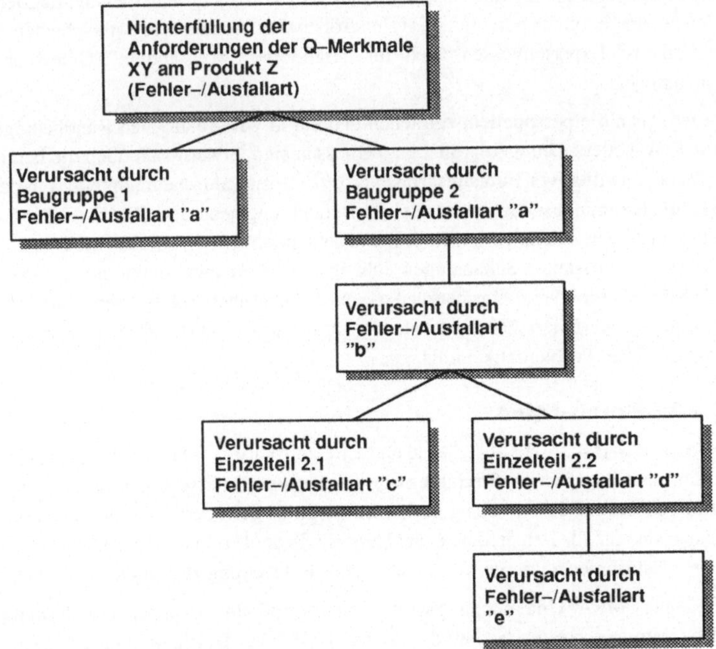

Abb. 2.6: Grundschema eines Fehlerbaums (nach [Masing88])

Die Fehlerbaumanalyse ist mit der Methode der Störfallablaufanalyse [DIN25419] verwandt, bei dieser werden jedoch die Ereignisse gesucht, die aus einer bestimmten Ursache resultieren, während bei der Fehlerbaumanalyse das Ereignis vorgegeben ist und nach allen möglichen Ursachen gesucht wird [DIN25424]. Beide haben die Gemeinsamkeit der quantitativen Beurteilung spezifischer Zustände mit Hilfe ähnlicher systematischer Vorgehensweisen (systemanalytische Betrachtungen, Baumstrukturen als grafische Hilfsmittel).

Für beide Verfahren ist wegen der Problematik der Komplexität der Aufgabenstellungen und der Fehleranfälligkeit der Auswertemethoden (z.B. Handrechenverfahren [DIN25424], simulatorische oder analytische Verfahren [Masing88]) der Einsatz rechnergestützer Auswertesysteme zu empfehlen.

Der grundlegende Vorteil von Fehlerbaum– und Störfallablaufanalyse ist die systematische Vorgehensweise und Darstellung der Ergebnisse, die es prinzipiell ermöglicht, zum einen Produkte und Prozesse "vollständig" zu untersuchen und andererseits einen Rückgriff auf existierende Untersuchungen vorzunehmen, wenn diese in entsprechender Form dokumentiert sind.

Ein prinzipieller Nachteil der beschriebenen Methoden ist der grundsätzlich hohe Durchführungsaufwand bei komplexeren Problemstellungen. So müssen interdisziplinäre Expertenteams sowohl für "grobe" Untersuchungen in die Arbeiten integriert werden um unerhebliche potentielle Einflußgrößen von wichtigen zu unterscheiden. Andererseits ist Expertenwissen auch für detaillierte, "vollständige" Untersuchungen unabdingbar.

Auch wenn die personellen, zeitlichen und damit wirtschaftlichen Randbedingungen für FTA–Untersuchungen großzügig bemessen sind, erweist sich doch die Ermittlung genauer quantitativer Eingangsgrößen (z.B. Eintrittswahrscheinlichkeiten) in der Praxis oft als zumindest aufwendig. Bei der Betrachtung neuartiger Prozesse oder Prozeßkombinationen – dem hier vorliegenden Problembereich – sind auch die Eingangsgrößen von (Experten–) Schätzungen abhängig, was zu zwar quantitativen aber unter Umständen mit hohem Unsicherheitspotential behafteten Ergebnissen führt. Auch der Einsatz rechnerunterstützter Auswertesysteme wie z.B. in [Meyna82] beschrieben ändert an dieser Problematik nichts.

2.2.3 Prozeß–FMEA

Die Prozeß–FMEA (Failure Mode and Effects Analysis – Fehler–Möglichkeits– und –Einflußanalyse) ist ein Verfahren zur qualitativen Untersuchung der Eignung jedes Teilprozesses der Herstellung zur Erzeugung der geforderten Produkteigenschaften. Dabei sind für alle Fehler, die bei der Herstellung des Produkts auftreten können, geeignete Maßnahmen zu deren Vermeidung oder Entdeckung zu planen [Schloske92].

Bei einer FMEA–Untersuchung wird in interdisziplinären Gruppen unter Leitung eines Moderators gearbeitet. Im Fall der Prozeß–FMEA zur Detektion möglicher Fehler bei der Herstellung oder Montage sollten Personen z.B. aus den Fachbereichen Konstruktion, Arbeitsvorbereitung und Fertigung zusammenarbeiten. Der Ablauf einer FMEA–Erstellung gliedert sich wie folgt:

- Bei der Durchführung einer Risikoanalyse werden möglichst alle potentiellen Fehler zu den einzelnen Prozeßschritten gesammelt und ihre Folgen und Ursachen zugeordnet.

- Bei der anschließenden Risikobewertung werden allen potentiellen Fehlern gemäß ihrer Ursachen, Folgen sowie Entdeckungs– und Auftretenswahrscheinlichkeiten Gewichtungskennzahlen, sogenannte Risikoprioritätszahlen (RPZ) zugeordnet.

- Gemäß der Ergebnisse der Risikobewertung wird für besonders risikobehaftete Prozesse eine Risikominimierung durchgeführt. Dies erfolgt im allgemeinen in Form der Erarbeitung von Verbesserungsmaßnahmen im FMEA–Team.

Die Vorteile der FMEA sind entsprechend ihrem Charakter als teamorientierte, innerbetriebliche Organisationseinheiten übergreifende Methode in der Förderung der innerbetrieblichen Kommunikation und der Vergrößerung des Verständnisses zwischen Abteilungen zu sehen [Schloske92]. Prinzipiell ist es mit Hilfe dieser Methode möglich, das in einem Unternehmen vorliegende Erfahrungswissen über Fehlerzusammenhänge und Qualitätseinflüsse zu sammeln und damit verfügbar zu machen [Pfeifer93].

Demgegenüber steht als Nachteil der allen bereichsübergreifenden Methoden gemeinsame hohe Aufwand, der von der Komplexität der Aufgabenstellung und von Kreativität und Erfahrung der Durchführenden abhängt. Eine ausgereifte Organisation der Abläufe ist für einen wirtschaftlich vertretbaren Einsatz dieser Methode unerläßlich. Da die FMEA eine formulargestützte Methode ist (Abb. 2.7), ist mittels Rechnerunterstützung bereits auf konventionellem Weg eine erhebliche Aufwandsreduktion erreichbar [Mai91, Deckers94, Petrick90]. Für eine Verbesserung der Synergieeffekte der FMEA und zur besseren Wiederverwendbarkeit existierender Ergebnisse erscheint der Einsatz wissensbasierter Systeme prinzipiell empfehlenswert [Schloske90]. Derartige Systeme befinden sich allerdings bislang noch im Konzeptionsstadium.

Ein weiterer Kritikpunkt ist die geringe Objektivität beim Ermitteln der FMEA–Daten [Laakmann92]. Hier ist zum einen die Problematik der Vollständigkeit einer FMEA zu beachten, andererseits darf auch die Aussagefähigkeit der ermittelten Risikoprioritätszahlen nicht überbewertet werden.

Ein weiteres Verfahren zur qualitativen Bewertung eines Systems hinsichtlich vorhandener Schwachstellen ist die Ausfalleffektanalyse [DIN25448]. Sie ist von der Ergebnischarakteristik her mit der FMEA, von der Vorgehenssystematik mit der Fehlerbaumanalyse vergleichbar (siehe Kap. 2.2.2).

2.2.4 Statistische Versuchsplanung

Die Ziele der statistischen Versuchsplanung (Design of Experiments – DoE) als präventive Maßnahme sind nach [Bhote90]

- die Identifikation von Einflußgrößen hier auf die Prozeß– und damit die Produktqualität,

- deren Separierung von nicht relevanten Größen,

- die Reduktion der Streuung dieser Variablen (einschließlich der stabilen Regelung ihrer Wechselwirkungen) durch z.B. enge Toleranzen, Konstruktionsanpassung oder Prozeßverbesserung und

- die Erweiterung der Toleranzen unwichtiger Variablen zur Kostensenkung.

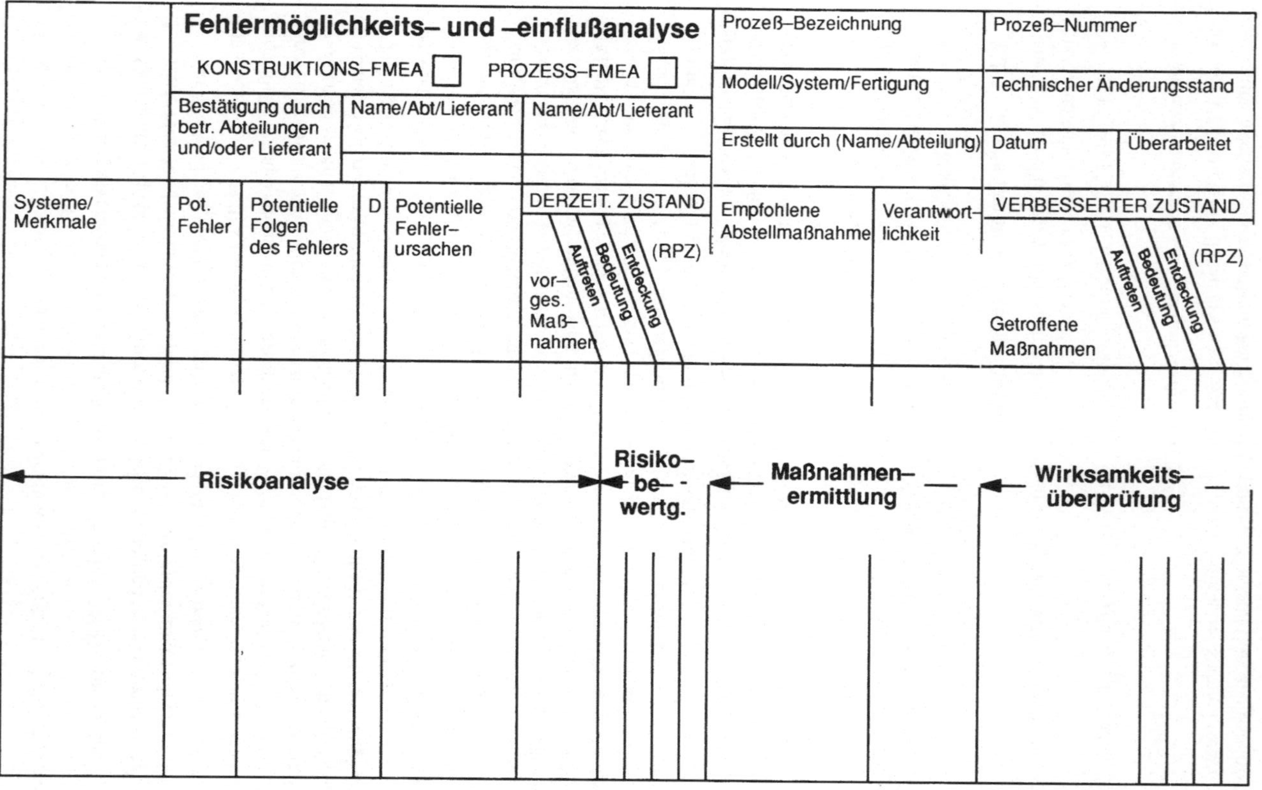

Abb. 2.7: FMEA–Formular

Die drei bekanntesten Vorgehensweisen zur statistischen Versuchsplanung sind die klassische Versuchsmethodik und die Verfahren nach Taguchi und Shainin, die im folgenden kurz erläutert werden.

Im Rahmen der klassischen Versuchsmethodik existiert eine Reihe von Versuchsplantypen wie z.B. Stufenpläne, quadratische Versuchspläne oder faktorielle Versuchspläne [Masing88]. An dieser Stelle soll anhand der in der Praxis gebräuchlichsten Form der faktoriellen Versuchsplanung auf die klassische Vorgehensweise eingegangen werden.

Der faktorielle Versuch ist eine wichtige Methode um neben dem direkten Einfluß von Faktoren (potentielle Einflußgrößen) auch deren Wechselwirkungen auf die Zielgröße zu untersuchen. Es werden hierbei mehrere Faktoren nebeneinander ausgewogen und gleichzeitig gegeneinander variiert, womit es ermöglicht wird, Mittelwerte über die Einstellungen zu bilden und sogenannte Effekte zu berechnen. Dabei wird zwischen Haupteffekten, die auf der Verstellung eines Faktors beruhen und Wechselwirkungseffekten, die auf die gleichzeitige Verstellung mehrerer Faktoren basieren, unterschieden [Scheffler86].

Das bezüglich der Aussagefähigkeit ideale Modell eines faktoriellen Versuchs ist der vollfaktorielle Versuch, bei dem alle möglichen Kombinationen der Faktoreinstellungen untersucht werden. Dieses Vorgehen erfordert allerdings einen beträchtlichen Aufwand, da bei einem vollfaktoriellen Versuch, auch wenn die Faktoren nur zwei Zustände annehmen können, die Anzahl der Versuche das 2^n–fache der Faktoren beträgt. Bei 6 Faktoren müßten also bereits 64 Versuche durchgeführt werden. In der industriellen Praxis stellen daher 4 Faktoren mit den benötigten 16 Versuchspunkten eine Schwelle dar, die selten überschritten wird [Pfeifer93].

Eine drastische Verringerung des Aufwandes in Form der Reduktion der Anzahl benötigter Versuche stellt das Verfahren nach Taguchi dar [Taguchi86]. Genaugenommen handelt es sich bei der Methode um eine Variante der teilfaktoriellen Versuche, bei der die Versuchszahlen durch spezielle hochvermengte Versuchspläne, d.h. Versuchspläne, in denen Haupteffekte mit Zweifaktorwechselwirkungen vermengt sind, reduziert werden. Dem Vorteil der Aufwandsreduktion steht jedoch der Nachteil gegenüber, daß Wechselwirkungen nicht transparent gemacht werden und Fehlinterpretationen leicht möglich sind [Westkämper91].

Die Methodik Taguchis ist – im Gegensatz zu ihrem philosophischen Überbau – in der Fachwelt umstritten [Gimpel93]. So werden etwa in [Bhote90] folgende grundsätzliche Mängel aufgeführt (Abb. 2.7):

- Die Methode ist kompliziert und für den Anwender nicht transparent.

- Der Aufwand ist im Vergleich zu anderen Methoden (siehe unten) sehr hoch.

- Durch Brainstorming werden subjektive und zu viele Variablen in die Versuchspläne aufgenommen.

- Wechselwirkungen werden nicht beachtet, mit Ausnahme subjektiv ''vermuteter''. Die daraus resultierenden Felder gleichen unvollständigen Versuchsplänen und haben die gleichen statistischen Schwächen, nämlich die Vermischung von Haupt– und Wechselwirkungen (besonders bei jenen mehrerer Faktoren).

Der gleiche Autor favorisiert die Versuchsplanungsmethodik nach Shainin [Bhote88], deren wichtigstes Kennzeichen die Anwendung des Pareto–Prinzips ist, indem schrittweise die drei wichtigsten Einflußgrößen für das zu optimierende Merkmal ermittelt werden. Mit diesen werden anschließend statistisch fundierte, vollständig faktorielle Versuche durchgeführt.

Shainin beschränkt sich allerdings auf nur zwei Faktorstufen für jede signifikante Einflußgröße, wodurch nichtlineare Effekte nicht sofort erkennbar sind [Krottmaier91].

Bei Anwendung der Versuchsplanungsmethodik nach Shainin muß darüberhinaus Klarheit darüber herrschen, daß das Pareto–Prinzip zwingende Voraussetzung für die Anwendung ist, daß nur starke Effekte erkannt werden können und daß zu einer korrekten Festlegung der Faktorstufen a priori eine sehr gute Kenntnis des Prozesses vorausgesetzt werden muß [Quentin92].

Ansatz	Klassisch	Taguchi	Shainin
Methoden	• Unvollständiger Versuchsplan • Vollständiger Versuchsplan etc.	• Orthogonale Felder	• Multi–Vari–Bild, Variablenvergleich, Vollständiger Versuch (Full Factorial)
Effektivität	• mittel (20–200% Verbesserung) • Verschlechterung möglich	• mäßig bis mittel (20–100% Verbesserung) • Verschlechterung möglich	• äußerst wirkungsvoll (100-500% Verbesserung.) • keine Verschlechterung
Kosten	• mittel • durchschnittlich 50 Versuche	• hoch • durchschnittlich 50 bis 100 Versuche	• niedrig • durchschnittlich 20 Versuche
Komplexität	• mittel • vollständige Varianzanalyse erforderlich	• hoch • Multiplikation innerer und äußerer Felder, Störabstand, Varianzanalyse	• gering • Versuche können von Werkern verstanden werden
Statistische Gültigkeit	• gering • Wechselwirkungen höherer Ordnung vermischt mit Hauptwirkungen • in geringem Maß Vermischung mit Wechselwirkungen 2. Ordnung	• schwach • keine Zufallsauswahl • sogar Wechselwirkungen 2. Ordnung vermischt mit Hauptwirkungen • Störabstandskonzept gut	• hoch • jede Variable wird mit allen Wertstufen jeder anderen Variablen geprüft • gute Trennung und Quantifizierung von Haupt– und Wechselwirkungen
Anwendbarkeit	• erfordert Teile (Hardware) • Hauptanwendung in der Fertigung	• Hauptnutzen als Ersatz für Monte–Carlo–Analyse	• erfordert Hardware • Einsatz bei Prototypen und in Pilotphase möglich
Einsatzaufwand	• mittel • Fach– und Statistikkenntnisse erforderlich	• schwierig • Akzeptanzprobleme sind zu erwarten	• leicht, keine besonderen Vorkenntnisse erforderlich

Abb. 2.7: Vergleichstabelle der diskutierten Versuchsplanungsmethoden (nach [Bhote90])

Für alle Ansätze zur statistischen Versuchsplanung kann festgestellt werden, daß die Anwendung der einen oder anderen Methode stark vom jeweiligen Einzelproblem bzw. von der Art und dem Wissen über den betrachteten Prozeß abhängt. Zudem ist die Erfahrung des Versuchsplaners, insbesondere die genaue Kenntnis in Frage kommender Verfahren, deren Restriktionen und Schwächen von großer Bedeutung [Wood92]. Bei allen Einschränkungen haben die statistischen Verfahren zur Prozeßplanung vor allem dort ihre Bedeutung, wo nur schwer im laufenden Prozeß gemessen werden kann [Quentin92] und somit prozeßbegleitende Methoden zum Einsatz kommen können, die im folgenden Abschnitt diskutiert werden.

Auch dort, wo – wie bei der vorliegenden Problematik – neue Prozesse oder Prozeßkombinationen beurteilt werden sollen, ist das Methodenspektrum zur statistischen Versuchsplanung wichtiger Bestandteil zur Informationsbeschaffung. Diesem Umstand wird auch in den QS–Regelwerken DIN ISO 9001 bis 9004 Rechnung getragen [Hans92, DINISO9001, DINISO9002, DINISO9003, DINISO9004].

Eine Rechnerunterstützung der statistischen Prozeßplanungsmethoden ist naheliegend und im Fall der "statistisch sauberen" Lösungen (teil– oder vollfaktorisierte Methode) in Form entsprechender Statistiksoftware realisiert [Warnecke88]. Die Integration verschiedener Ansätze etwa über objektorientierte Datenbanken ist allerdings noch nicht marktgängig und befindet sich im experimentellen Stadium [Sriraman90].

2.3 Operative Methoden der Qualitätssicherung

Zur erfolgreichen Anwendung präventiver Qualitätssicherungsmethoden ist der Rückfluß von Informationen aus Fertigung und Montage unbedingt erforderlich. Modelle für "große", verschiedene Lebensphasen des Produkts umspannende Qualitätsregelkreise werden sowohl in der Wissenschaft als auch in der Praxis seit geraumer Zeit diskutiert (siehe z.B. [Pagenkopp90, Goutier90, Melchior90, Geitner91]). In Abb. 2.8 ist ein solches Modell dargestellt.

Zur Realisierung von Qualitätsregelkreisen ist die systematische Sammlung und Aufbereitung von qualitätsbezogenem Wissen aus Fertigung und Montage erforderlich. Diese kann prinzipiell durch den Einsatz von CAQ–Systemen unterstützt werden. Nach [ZVEI92] müssen sie innerhalb des Qualitätssicherungssystems eines Unternehmens den gesamten formalisierbaren und dokumentierbaren Teil der QS–Aufgaben übernehmen und die integrierte Qualitätsarbeit in allen Stellen ermöglichen [Bläsing91]. Aus dieser Forderung ergeben sich fünf Bereiche, die durch CAQ–Systeme abgedeckt werden müssen:

- Qualitätsprüfung am herzustellenden Produkt

- QS–Maßnahmen und –Methoden mit indirektem Produktbezug (prozeßbezogene Maßnahmen)

- Dokumentationsaufgaben

- Bezug der QS–Tätigkeiten zum jeweiligen QS–Arbeitsplatz

- logische (organisatorische) Schnittstellen [Pfeifer93]

Das scheinbar so vielfältige Softwareangebot kann trotz in der Vergangenheit durch die Softwareanbieter geleisteten Entwicklungsarbeit die Marktanforderungen oft nur unbefriedigend erfüllen [Anders90]. Der Großteil der heute kommerziell erhältlichen CAQ–Systeme deckt in seiner Funktionalität im wesentlichen nur den Bereich Qualitätsprüfung ab. Hier steht außerdem mit der klassischen Qualitätsprüfung und der betriebsmittelorientierten Prüfmittelüberwachung ein bewährtes Methodenspektrum zur Verfügung, das durch eine Vielzahl von praxisnahen Hilfsmitteln wie Meß– und Prüfmittel und entsprechende Prüfrechner das entsprechende Informationsaufkommen verarbeiten kann [Bläsing91]. Im Bereich prozeßbezogene Maßnahmen existieren dagegen nur vereinzelte Lösungen, die auf sehr spezielle Anwendungsfälle zugeschnitten sind. Die Sammlung und Aufbereitung von Informationen über Prozesse (Prozeßzustände) und ihre Auswirkungen auf die Produktqualität ist im allgemeinen nur eingeschränkt möglich.

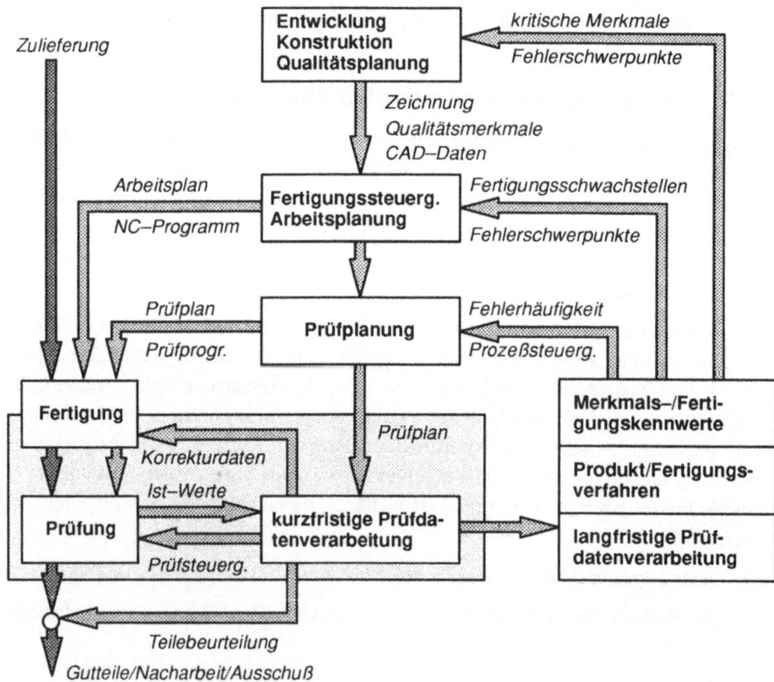

Abb. 2.8: Qualitätsregelkreise in der Produktion (nach [Melchior90])

Die Entwicklung im Bereich Implementierung von übergeordneten Qualitätsregelkreisen unter Zuhilfenahme von CAQ–Systemen und Qualitätsdatenbasen verläuft allerdings weiterhin sehr dynamisch [Haermeyer91, Torre92]. Die technischen Voraussetzungen für eine Datenrückführung in die Planungsbereiche sind prinzipiell gegeben [Pagenkopp90]. Es muß jedoch davon ausgegangen werden, daß wegen der in der Praxis sehr vielfältigen gewachsenen Strukturen ein universelles übergreifendes CAQ–System kaum entwickelbar ist. Abgesehen von technologischen Vereinheitlichungen und prinzipiellen Grundforderungen wie oben formuliert, ist die Einführung eines entsprechenden Systems zumindest mit umfangreichen Anpassungsmaßnahmen an die Struktur des jeweiligen Unternehmens gekoppelt [Goutier90, Warnecke88, Wolf88].

Den aufgezeigten Defiziten soll bei vielen präventiven Methoden der Qualitätssicherung (z.B. bei QFD oder FMEA) durch die Einbeziehung von "Fachleuten" Rechnung getragen werden, durch die Wissen aus Fertigung und Montage in die Arbeiten einfließen soll. Dies hat jedoch zur Folge, daß die Wirtschaftlichkeit der Anwendung dieser Methoden durch die hohen Personalkosten eingeschränkt ist. Auch die Anwendung von Kreativitätstechniken wie Brainstorming [Taguchi87] kann eine systematische und strukturierte Beschreibung von Expertenwissen nicht ersetzen.

Im folgenden werden daher die prozeßorientierten Verfahren der Qualitätssicherung – SPC und Fähigkeitsuntersuchungen – vorgestellt, der Stand ihrer Rechnerunterstützung wird vor allem hinsichtlich der Möglichkeit zur Rückführung von Erkenntnissen aus der Produktion in vorgelagerte Bereiche diskutiert.

2.3.1 Statistische Prozeßregelung (SPC)

Mit Hilfe der statistischen Prozeßregelung (Statistical Process Control – SPC) wird über sogenannte Qualitätsregelkarten das statistische Verhalten eines Prozesses beschrieben. Diese Karten geben Hinweise auf Prozeßstörungen und ermöglichen den Aufbau von Regelkreisen zur optimalen Prozeßführung [Wheeler86]. Das Ziel der statistischen Prozeßregelung ist es, die systematischen Einflüsse des Prozesses zu kompensieren und spezielle Einflüsse frühzeitig zu erkennen und zu beseitigen [DGQ90].

Bei den Qualitätsregelkarten handelt es sich um grafische Darstellungen

- der durch die Messungen ermittelten Kennwerte eines Prozesses,

- in zeitlicher Folge,

- in einem durch die Art der Karte vorgegebenen Netz,

- in Bezug auf die durch das Netz vorgegebenen Warn– und Eingriffsgrenzen [Bernekker81, Stange75].

Man unterscheidet verschiedene Arten von Qualitätsregelkarten wie Urwert–, Mittelwert– (x–quer–), Extremwert– oder Spannweitenkarten (R–Karten), für deren detaillierte Beschreibung auf die einschlägige Literatur verwiesen sei (z.B. [Wheeler86, Masing88]). Abb. 2.9 zeigt exemplarisch eine x–quer–s–Qualitätsregelkarte.

Es existieren SPC–Meßrechner, mit denen sich sämtliche Methoden der statistischen Prozeßregelung anwenden lassen. Dabei werden bei industriell gängigen Lösungen die Schwerpunkte in der Durchführung von Prozeßfähigkeitsuntersuchungen (siehe Kap. 2.3.2) und das Führen von x–R– und x–s– Qualitätsregelkarten gesetzt [Warnecke88]. Gemeinsam ist der SPC–Software ihr Insellösungscharakter. Es existieren zwar CAQ–Systeme, die SPC–Funktionen beinhalten, bzw. die Anbindung an SPC–Software erlauben, ihr Anwendungsbereich ist allerdings wegen starker Einschränkungen in der Offenheit bezüglich ihrer Kommunikationsmöglichkeiten mit anderen Informationssystemen begrenzt [Geitner91].

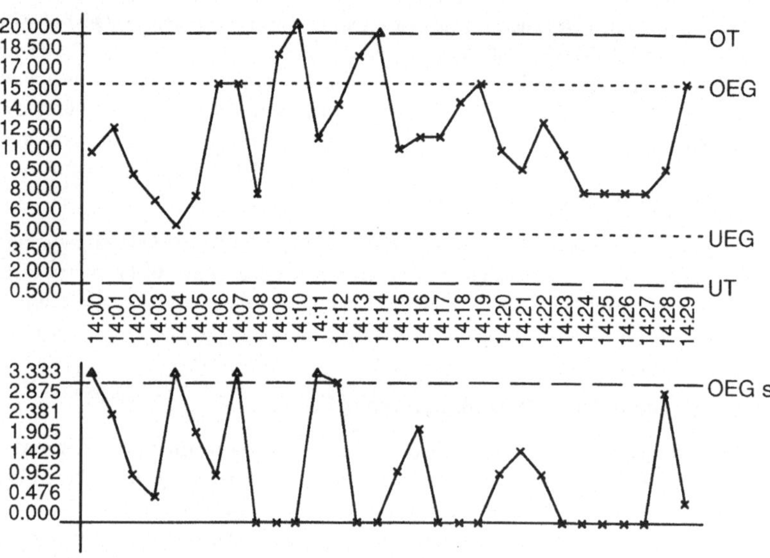

Abb. 2.9: *x–quer–s–Qualitätsregelkarte (nach [Dutschke93])*

2.3.2 Fähigkeitsuntersuchungen

Die erste Grundbedingung für die sinnvolle Anwendung der statistischen Prozeßregelung ist der Einsatz von fähigen Maschinen. Unter Fähigkeit ist in diesem Zusammenhang ein Maß für die tatsächliche Güte einer Maschine bezogen auf die Toleranz zu verstehen. Die zweite Grundbedingung ist, daß der Prozeß, also das Zusammenwirken von Personal, Maschinen und Einrichtungen, Rohmaterial, Methoden und Arbeitsumwelt ebenfalls fähig ist [Stange75].

Die Prozeßfähigkeit ergibt sich aus dem Prozeßergebnis, z.B. aus den Merkmalsausprägungen der in dem Prozeß bearbeiteten Werkstücke. Sie beruht auf der Auswertung von Meßwerten über einen längeren Zeitraum [FORD86]. Der Prozeßfähigkeitsindex c_p ist als Verhältnis aus Toleranz und dem 6–fachen Betrag der Standardabweichung definiert:

$$c_p = \frac{Toleranz}{6\sigma}$$

Bei einem Prozeß, der durch ein $c_p < 1{,}0$ gekennzeichnet ist, ist mit Toleranzüberschreitungen zu rechnen. Die Prozeßbreite sollte die Toleranzbreite nur zu 75% ausnutzen um eine genügende Sicherheit gegenüber Toleranzüberschreitungen zu gewährleisten [Kirstein87]. Der Kennwert c_p muß demnach mindestens 1,33 betragen (Abb. 2.10).

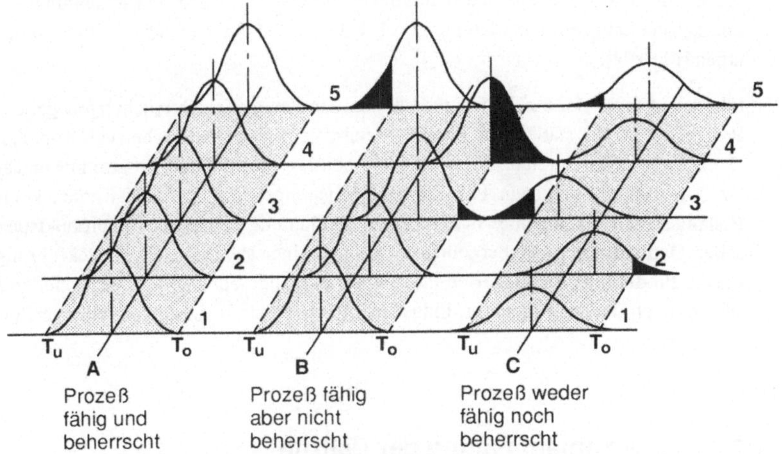

Abb. 2.10: Prozeßfähigkeit (nach [Dutschke93])

Durch den Prozeßsicherheitsindex c_{pk} soll die Lage des Prozesses beurteilt werden. Diese Kennzahl zeigt an, ob der Prozeß sicher auf Toleranzmitte geführt wird:

$$c_{pk} = \frac{Toleranzgrenze - \mu}{3\sigma}$$

Dabei ist der Mittelwert μ des Prozesses das arithmetische Mittel der jeweils 25 letzten Stichprobenmittelwerte.

Wenn sich ein Prozeß als nicht fähig herausstellt, sollte eine Maschinenfähigkeitsuntersuchung an den beteiligten Maschinen durchgeführt werden. Im Gegensatz zur Prozeßfähigkeit handelt es sich dabei um eine Kurzzeituntersuchung, die auf einer einzigen großen Stichprobe von Werkstücken, die nacheinander bearbeitet wurden besteht.

Die Maschinenfähigkeitskennwerte ergeben sich dann analog zu den Prozeßfähigkeits-
kennwerten, die gleichen numerischen Grenzwerte gelten auch hier.

$$c_m = \frac{Toleranz}{6\sigma}$$

$$c_{mk} = \frac{Toleranzgrenze - \bar{x}}{3\sigma}$$

Um die beiden Begriffe in der Praxis deutlich voneinander abzugrenzen, setzt sich zunehmend das Regelwerk [FORD90] durch, das auch bei Zulieferern in Form von Werks-
normen oder Richtlinien seinen Niederschlag findet (z.B. in [ZF92]). Dieses empfiehlt
die Ermittlung des Prozeßpotentials (Kennzahlen: p_p und p_{pk}) mit mindestens 20 Stichproben als Ersatz für die Maschinenfähigkeitsuntersuchung und der Prozeßfähigkeit (c_p
und c_{pk}) bei Langzeituntersuchungen, d.h. bei Prozeßläufen von mehr als 20 Fertigungs-
tagen [Melz92].

Für den Aspekt der Rechnerunterstützung der Fähigkeitsuntersuchungen gelten im
Prinzip die für die statistische Prozeßregelung gemachten Aussagen (vgl. Kap. 2.3.1):
Es existieren zwar durchaus Meßdatenverarbeitungsrechner und –programme und auch
CAQ–Systeme, mit denen Fähigkeitsuntersuchungen durchgeführt werden können.
Bislang stehen aber zu einer strukturierten Verdichtung zusammen mit produktspezifi-
schen Qualitätsdaten (Meßergebnisse etc.) und einer systematischen Rückführung in
die der Produktion vorgelagerten Planungsphasen abgesehen von konzeptionellen An-
sätzen noch keine allgemein industriell verwendbaren Lösungen zur Verfügung
[Geitner91].

2.4 Zusammenfassung der Defizite

Zur Sicherstellung einer vollständigen Betrachtung bei der Durchführung präventiver
Qualitätssicherungsmaßnahmen müssen für jedes herzustellende Produkt alle möglichen Prozeßvarianten untersucht werden. Die Vielfalt der Verknüpfungsmöglichkeiten
von Teilprozessen hat zur Folge, daß der Zeit– und Personalaufwand dafür in der Praxis
meist zu hoch ist, weshalb oft heuristische Verfahren (Erfahrungswerte) mit in die Planungsaktivitäten eingebracht werden. Daraus resultiert allerdings ein erhebliches Unsicherheitspotential: Zum einen kann nicht sichergestellt werden, auf diesem Wege alle
wesentlichen Einflußfaktoren berücksichtigt zu haben. Zum anderen fehlen bei der Einführung neuer (Teil–) Prozesse die notwendigen Erfahrungswerte [Englert92].

Einzig die Methode der statistischen Versuchsplanung mittels vollfaktorieller Versuchspläne ermöglicht es prinzipiell, Prozesse ausgehend von einem Minimum an Vorkennt-
nissen sehr genau zu untersuchen. Der hohe Aufwand, der damit schon bei geringer
Komplexität der Problemstellung verbunden ist, läßt die Anwendung aber nur in Fällen,
die außerhalb des hier betrachteten Prozeßspektrums liegen (etwa bei Großserienferti-
gung), wirtschaftlich sinnvoll erscheinen.

Um Praxiswissen zu erfassen und zu formalisieren und es damit auch für die präventiven Methoden der Qualitätssicherung nutzbar zu machen, bietet sich der systematische Einsatz von operativen Methoden an. Im Fall der statistischen Prozeßregelung und der Fähigkeitsuntersuchungen ist es besonders naheliegend, Praxiswissen abzuleiten, das in präventiven Maßnahmen etwa für ähnliche Prozesse verwendet werden kann.

Das zentrale Problem dieser nicht neuen Einsicht liegt in der Umsetzung mittels entsprechender Qualitätsregelkreise unter Verwendung von geeigneten rechnergestützten Werkzeugen: Zwar liegen aus dem Forschungsbereich vielfältige Konzepte für Regelkreise und zum Teil experimentelle Implementierungen von entsprechenden Softwareinstrumenten vor, eine Umsetzung in die industrielle Praxis scheitert aber bislang oft an den heterogenen, gewachsenen Strukturen von Industrieunternehmen. Allgemein und gleichzeitig "ganzheitlich" anwendbare CAQ–Systeme müssen unter diesen Voraussetzungen weiterhin eine Utopie bleiben.

Zunehmend zeichnet sich jedoch eine Trendwende seitens der Industrie ab, die in Richtung der Verwendung innovativer Informationstechniken wie Qualitätsdatenbanken, oder Qualitätsinformationssystemen geht und das zur Schaffung der benötigten Strukturen erforderliche Umfeld schafft [Englert95].

Das Grundproblem einer hochflexiblen Fertigung mit minimalen Reaktionszeiten und der optimalen Erfüllung von Qualitätsforderungen des Kunden bleibt jedoch auch unter diesen Voraussetzungen bestehen: Der Mangel an Wissen über immer neue Prozeßkombinationen erfordert ein Instrument, das es erlaubt, Erfahrungen und Wissen über Einzelprozesse, ähnliche Prozesse und Produkte in die Betrachtung neuer Prozeßkombinationen einzubeziehen. Das große Spektrum an denkbaren Varianten muß hinsichtlich ihrer Eigenschaften bezüglich der zu erzielenden Qualität in Zusammenhang mit Kosten und Zeiten überschlägig beurteilt werden können. Der verbliebene eingeschränkte Lösungsraum kann somit anschließend mit vertretbarem Aufwand unter der Verwendung konventioneller Qualitätsplanungsmethoden detailliert betrachtet werden.

Aus den ermittelten Defiziten herkömmlicher Methoden der Qualitätssicherung bei deren Anwendung im Rahmen von Planungsvorgängen flexibler Produktionssysteme und –prozesse ergeben sich für ein Informationsmodell als Grundlage eines Simulationssystems zur Qualitätsplanung, das prinzipiell die Darstellung beliebiger Produkte und Produktionssysteme und deren qualitätsrelevanten Verhaltens ermöglichen soll, folgende Anforderungen:

Für die Darstellung beliebiger Produkte ist deren Strukturierung nach fertigungstechnischen Gesichtspunkten erforderlich. Dazu muß die Abbildbarkeit der Ausprägung von Qualitätsmerkmalen in allen möglichen Zwischenzuständen des Produkts während des Fertigungsprozesses im engeren Sinne (d.h. vom Rohmaterial bis zum Endprodukt) gewährleistet sein. Das Produktmodell muß außerdem modular aufgebaut sein um die realitätsnahe Abbildung von Änderungen oder Varianten zu ermöglichen. Auch die Struktur komplexer Produkte muß im Modell transparent bleiben und deren realer Struktur zugeordnet werden können.

Die Abbildung der Produktionsprozesse (d.h. einzelner Bearbeitungsschritte oder Arbeitsvorgänge) und davon abgeleitet die Beschreibung der von diesen verursachten Qualitätsveränderungen am Produkt muß die unmißverständliche Zuordnung zu den realen Elementen des Fertigungssystems (den Betriebsmitteln) gewährleisten. Die in die Prozeßmodelle eingehenden qualitätsrelevanten Einflußgrößen müssen den wirklichen Einflußgrößen der entsprechenden Fertigungsprozesse assoziiert werden können. Außerdem muß das jeweilige Prozeßmodell die Fähigkeit aufweisen, einen klaren Zusammenhang zwischen der Qualitätslage eines Produkts vor und nach der Beeinflussung durch den Prozeß herzustellen.

3 Erfassung und Aufbereitung qualitätsrelevanter Produkt– und Prozeßdaten

Von essentieller Bedeutung für die Aussagefähigkeit des Simulationsmodells ist die Qualität der zugrundeliegenden Informationen über den jeweiligen Untersuchungsgegenstand, also über die betrachteten Produkte und Fertigungsprozesse aus der jeweiligen Unternehmensumgebung. Im Rahmen dieses Abschnittes soll daher untersucht werden, wo und wie Informationen über Produkte und Prozesse gesammelt (Kap. 3.1) und wie diese für deren hinreichend genaue Abbildung aufbereitet werden müssen (Kap. 3.2). Das Ziel ist die Darstellung eines Konzepts zur Akquisition und analytischen Aufbereitung von Wissen aus dem Unternehmen, das an organisations–, unternehmens– und branchenspezifische Anforderungen anpaßbar ist.

3.1 Vorgehensweise zur Datenakquisition

Grundlage der Simulation von Qualitätsveränderungen von Produkten während ihrer Fertigung sind adäquate Modelle von Produkten, Prozessen und Abläufen. Diese müssen einerseits die spezifische Problemstellung des Benutzers widerspiegeln, andererseits müssen sie einfach genug sein, um eine schnelle und damit wirtschaftliche Übertragbarkeit in das Simulationssystem zu gewährleisten.

Im folgenden wird eine allgemein anwendbare Vorgehensweise zur gezielten Akquisition von Wissen über Produkte, Prozesse und Abläufe dargestellt, das die Basis dieser Modelle liefert (Abb. 3.1). Das Wissen bzw. die gesammelten Daten allein bilden diese Modelle nicht. Sie stellen vielmehr das Ausgangsmaterial für eine nachfolgende Analyse und Modellierung dar, die – bezogen auf die abzubildenden Prozesse – die Qualitätsbeziehungen postuliert, worauf im Abschnitt 3.2 näher eingegangen wird.

Die in den folgenden Kapiteln gemachten Vorschläge für eine formalisierte Vorgehensweise zur Akquisition von Daten zur Qualitätssimulation sind bewußt allgemein gehalten. Die vorgestellten Formulare sollen innerhalb eines Unternehmens existierende Informationsstrukturen nicht ersetzen. Vielmehr ist anzustreben, den Aufwand zur Durchführung dieser Vorgänge durch ihre Integration in ohnehin vorhandene möglicherweise rechnergestützte Vorgänge (insbesondere der Produktionsplanung) in Grenzen zu halten.

Die Voraussetzungen dafür sind bei der zunehmenden Verbreitung von Informations– und Datenhaltungssystemen, CAx–Techniken und hochentwickelten PPS–Systemen in der industriellen Praxis günstig. Des weiteren setzt sich zunehmend die Erkenntnis der Bedeutung der integrativen Betrachtung von Planungsvorgängen durch [Anderl89, Haermeyer91, Pagenkopp90].

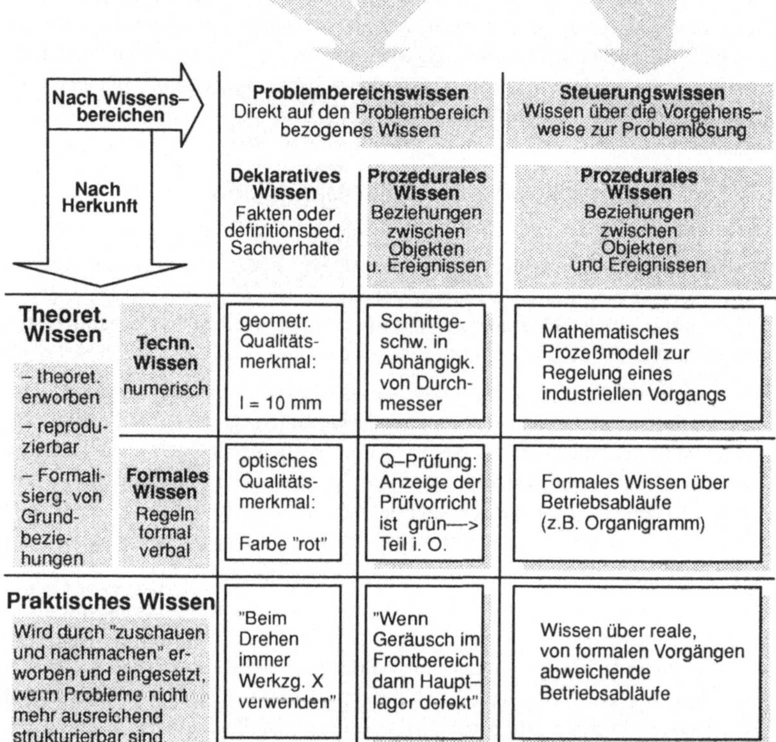

Nach Wissens-bereichen	Problembereichswissen Direkt auf den Problembereich bezogenes Wissen		Steuerungswissen Wissen über die Vorgehens-weise zur Problemlösung
Nach Herkunft	Deklaratives Wissen Fakten oder definitionsbed. Sachverhalte	Prozedurales Wissen Beziehungen zwischen Objekten u. Ereignissen	Prozedurales Wissen Beziehungen zwischen Objekten und Ereignissen
Theoret. Wissen – theoret. erworben – reprodu-zierbar – Formali-sierg. von Grund-bezie-hungen — **Techn. Wissen** numerisch	geometr. Qualitäts-merkmal: I = 10 mm	Schnittge-schw. in Abhängigk. von Durch-messer	Mathematisches Prozeßmodell zur Regelung eines industriellen Vorgangs
Formales Wissen Regeln formal verbal	optisches Qualitäts-merkmal: Farbe "rot"	Q–Prüfung: Anzeige der Prüfvorricht ist grün—> Teil i. O.	Formales Wissen über Betriebsabläufe (z.B. Organigramm)
Praktisches Wissen Wird durch "zuschauen und nachmachen" er-worben und eingesetzt, wenn Probleme nicht mehr ausreichend strukturierbar sind.	"Beim Drehen immer Werkzg. X verwenden"	"Wenn Geräusch im Frontbereich dann Haupt-lager defekt"	Wissen über reale, von formalen Vorgängen abweichende Betriebsabläufe

Abb. 3.1: Klassifizierung qualitätsrelevanten Wissens

3.1.1 Einordnung der Datenakquisition in den Ablauf einer Simulationsstudie

Der allgemeine Ablauf einer Simulationsstudie ist durch die folgenden Schritte gekennzeichnet (Abb. 3.2):

- Im Rahmen der Aufgabenstellung erfolgt die Definition des Projekts, d.h. der Produkte, Prozesse und Randbedingungen, die betrachtet werden sollen.

- Im Zuge der Datenakquisition werden alle relevanten Daten der zu simulierenden Produkte, Prozesse und Abläufe erhoben.

- Nach der Erhebung aller Daten einer Problemstellung erfolgt deren Analyse und entweder die Identifikation oder die theoretische Bildung eines Modells.

- Nach Abschluß der Erstellung des Modells erfolgt dessen Validierung anhand einer geeigneten Testumgebung.

- Existieren zu einer Aufgabenstellung alle Modelle, so wird schließlich das Produktmodell in Form von Qualitätsmerkmalen abgebildet und die Prozeßabfolge im Simulationsszenario zusammengestellt.

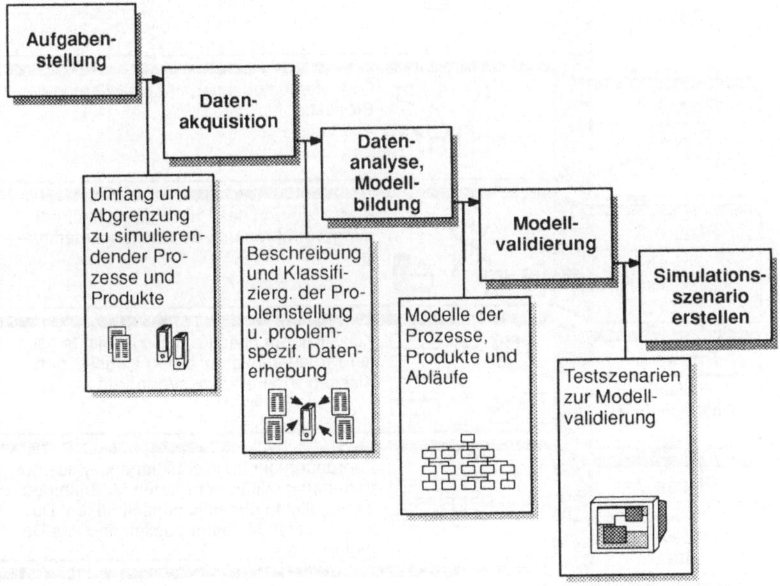

Abb. 3.2: Ablauf einer Simulationsstudie

Die Vorgehensweise zur Datenakquisition kann in die nachfolgend beschriebenen Phasen eingeteilt werden. Einen Überblick bietet Abb. 3.3.

Mittels einer unternehmensbezogenen Informationsmatrix werden grundlegende Informationen über qualitätsrelevante Maßnahmen und deren Zuordnung zu Organisationseinheiten im Unternehmen gesammelt (siehe Kap. 3.1.2).

Die anschließende Beschreibung des Untersuchungsgegenstandes dient der Sammlung der Daten des konkreten Untersuchungsgegenstandes, also der Beschreibung des relevanten Produkts (vor allem seiner Qualitätsmerkmale) sowie der assoziierten Prozesse und Abläufe (siehe Kap. 3.1.3).

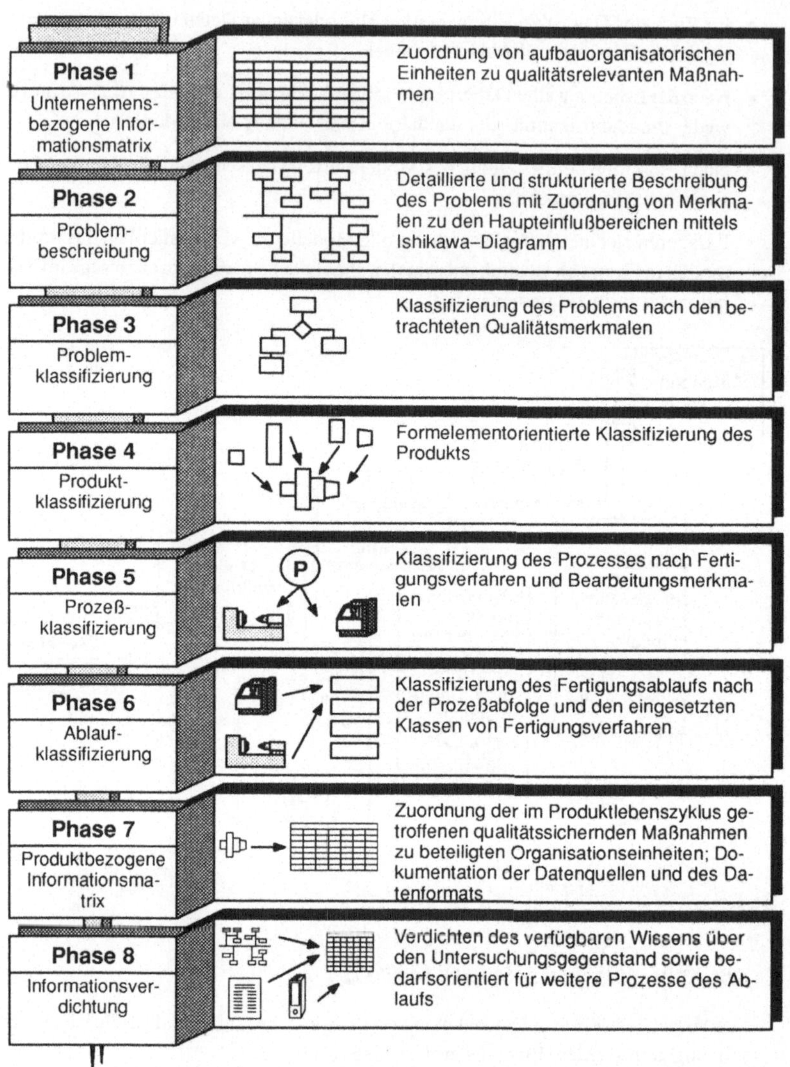

Abb. 3.3: Vorgehensweise zur Datenakquisition

Mit der Beschreibung der Problematik als Grundlage erfolgt eine Klassifizierung des Untersuchungsgegenstandes hinsichtlich der betrachteten Qualitätsmerkmale. Diese Klassifizierung bildet ein Suchmuster, mit dessen Hilfe nach ähnlichen, dokumentierten Problembeschreibungen bzw. existierenden Lösungen gesucht werden kann. Analog der Klassifizierung des Untersuchungsgegenstandes wird eine Klassifizierung der enthaltenen Prozesse, Produkte und Abläufe durchgeführt. Aus diesen können ebenfalls Muster abgeleitet werden, mit denen vorhandene Analogien identifiziert werden (siehe Kap. 3.1.4).

Für das betrachtete Produkt wird entsprechend der unternehmensbezogenen Informationsmatrix eine produktbezogene Informationsmatrix erstellt (Kap. 3.1.2). Aus ihr geht hervor, wo und in welcher Form sich qualitätsrelevante Produktinformationen befinden.

Mit Hilfe der Ergebnisse der vorangegangenen Schritte erfolgt eine Informationsverdichtung für den zu untersuchenden Prozeß. Dabei werden alle Daten gesammelt, die über diesen Prozeß verfügbar sind (siehe Kap. 3.1.5).

Die Modellerstellung des Prozesses erfolgt durch die nachfolgende Analyse der gesammelten Daten (siehe Kap. 3.2). Wird bei der Datenanalyse festgestellt, daß weitere vorgelagerte Prozesse Einfluß nehmen, muß auch für diese eine Informationsverdichtung und eine Datenanalyse durchgeführt werden.

3.1.2 Zuordnung qualitätsrelevanter Maßnahmen zu Organisationseinheiten im Unternehmen

Eine Zuordnung qualitätsrelevanter Maßnahmen während des Produktlebenszyklus zu den organisatorischen Einheiten eines Unternehmens kann mit der unternehmensbezogenen Informationsmatrix vorgenommen werden. Der prinzipielle Aufbau ist in Abb. 3.4 dargestellt.

Das Ziel ist es, im Vorfeld spezieller Simulationsstudien Informationsquellen im Unternehmen zu lokalisieren und zu dokumentieren um im Bedarfsfall einen schnellen Zugriff zu gewährleisten. Besonders wichtig ist die Benennung von Ansprechpartnern in den unterschiedlichen organisatorischen Einheiten, die über ein formales und praktisches Expertenwissen in potentiellen Problembereichen verfügen.

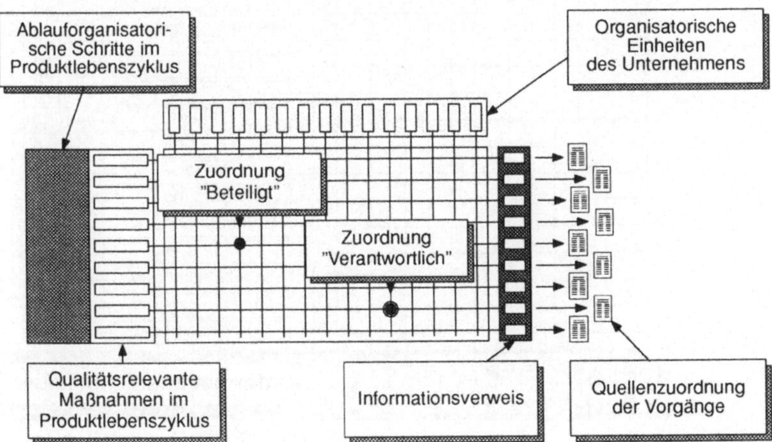

Abb. 3.4: Prinzipieller Aufbau der unternehmens– und der produktbezogenen Informationsmatrix

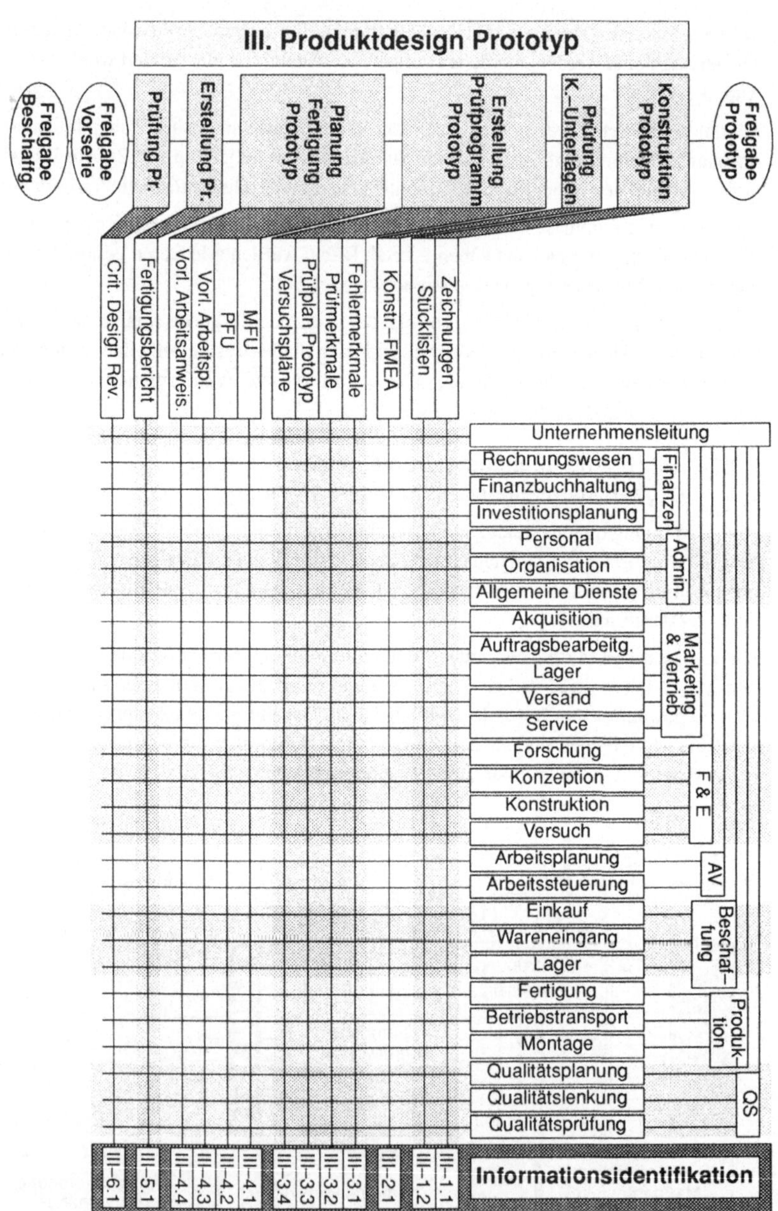

Abb. 3.5: Unternehmensbezogene Informationsmatrix für die Produktentstehungsphase "Produktdesign Prototyp"

In Abb. 3.5 ist ein Ausschnitt einer unternehmensbezogenen Informationsmatrix beispielhaft dargestellt. Hierin sind nahezu sämtliche qualitätsrelevanten Maßnahmen abgebildet (hier bezogen auf die Produkentstehungsphase "Produktdesign Prototyp"). Die abgebildete Richtlinie muß einem Unternehmen individuell angepaßt werden (z.B. bezüglich der hier gewählten Gliederung der organisatorischen Einheiten).

Auch Umfang, Bezeichnung und Reihenfolge der Phasen des Produktlebenszyklus sowie die zugeordneten qualitätssichernden Maßnahmen bedürfen der Anpassung an unternehmensinterne Gegebenheiten. In Abb. 3.6 sind die für die erstellte Informationsmatrix verwendeten Produktentstehungsphasen zusammenfassend dargestellt.

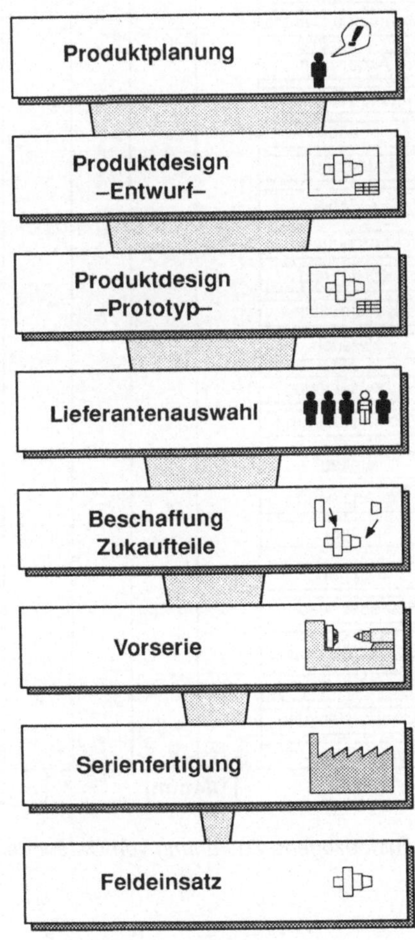

Abb. 3.6: Produktentstehungsphasen

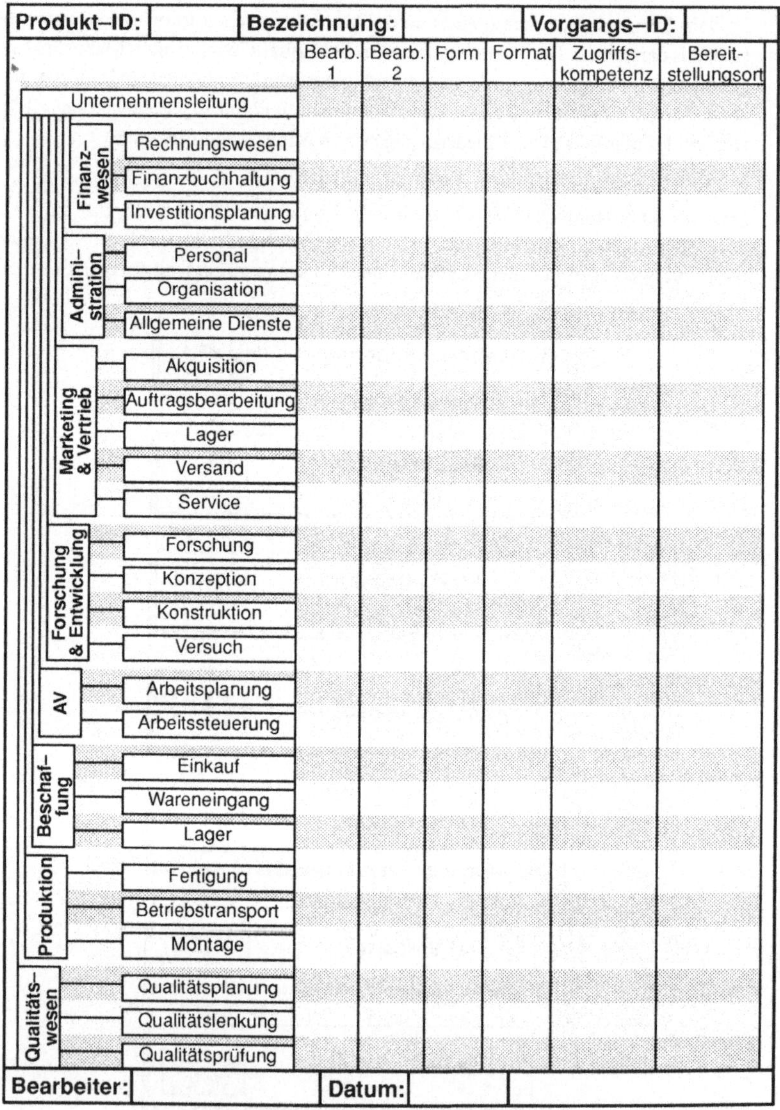

Abb. 3.7: *Produktbezogene Zuordnung von Datenquellen*

Um im Rahmen einer konkreten Simulationsstudie für das zu untersuchende Produkt festzustellen, welche qualitätssichernden Maßnahmen durchgeführt werden und welche qualitätsrelevanten Informationen wo und in welcher Form verfügbar sind, wird eine produktbezogene Informationsmatrix verwendet. Mit ihrer Hilfe wird dokumentiert,

- welche qualitätsrelevanten Daten existieren,

- welche organisatorischen Einheiten an deren Entstehung beteiligt sind,

- welche organisatorische Einheit verantwortlich tätig ist,

- wer die Zugriffskompetenz hat,

- wo sich die Daten befinden,

- in welcher Form und in welchem Format die Daten vorliegen,

- wer über formales oder praktisches Expertenwissen verfügt und

- wer die jeweiligen Ansprechpartner in den organisatorischen Einheiten sind.

Formal ist die produktbezogene Informationsmatrix analog der unternehmensbezogenen Informationsmatrix aufgebaut. Der wesentliche Unterschied liegt in der unbedingt erforderlichen Zuordnung von konkreten Informationen über das jeweilige Produkt zu Ansprechpartnern, die Zugang zu derartigen Informationen haben.

Diese Zuordnung kann durch eine Formalisierung wie in Abb. 3.7 dargestellt unterstützt werden. Dadurch wird sichergestellt, daß zum jeweiligen Produkt alle Informationsquellen bekannt und zugreifbar sind. Grundsätzlich wäre zu fordern, daß bereits während der Entwicklung eines Produkts eine solche Informationsmatrix erstellt und während des Produktlebenszyklus fortgeschrieben wird.

3.1.3 Beschreibung des Untersuchungsgegenstandes

Mit Hilfe der detaillierten Beschreibung des Untersuchungsgegenstandes (d.h. der aktuellen Problemstellung) und dessen strukturierter und formalisierter Darstellung sollen folgende Ziele erreicht werden:

- Schnelle und vollständige Erstellung der Problembeschreibung

- Erfassung aller relevanten Daten

- Erleichterung des Auffindens ähnlicher, bereits behandelter Problemstellungen

Da die primäre Zielgröße bei der Qualitätssimulation die Produktqualität ist, erfolgt die Ausrichtung der Problembeschreibung auf die technologischen Randbedingungen, die die Qualitätsmerkmale beeinflussen.

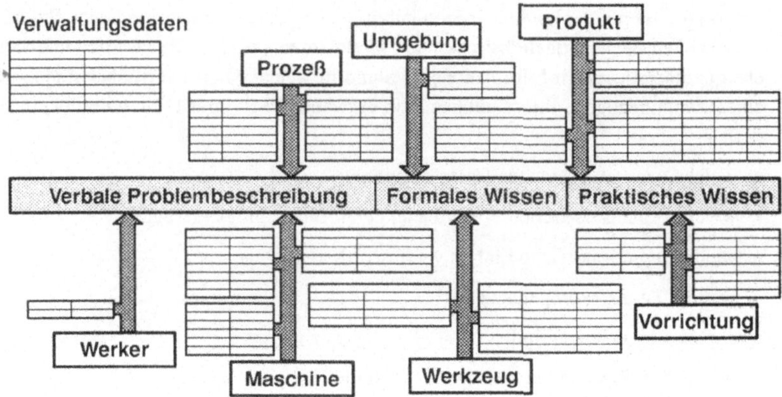

Abb. 3.8: Ishikawa–Diagramm zur Problembeschreibung (Prinzipskizze)

Eine Formalisierung der Problemstellung kann prinzipiell durch das Anfertigen von Listen erfolgen. Dieses Verfahren führt allerdings bei nicht trivialen Problemstellungen zu sehr komplexen und unübersichtlichen Dokumenten, in denen z.B. Zusammenhänge der aufgeführten Elemente nur schwer zu erkennen sind. Zur Verbesserung der Übersichtlichkeit kann aus der unstrukturierten Liste eine Unterteilung nach Hauptbereichen gebildet werden [Juran88]. Bei den hier vorliegenden komplexen Problembeschreibungen ist eine grafische Darstellung der Problembeschreibung vorteilhaft. Die in Abb. 3.8 dargestellte Prinzipskizze zur Problembeschreibung ist als Ishikawa–Diagramm aufgebaut (eine Erläuterung dieser Darstellungsform ist z.B. [Ishikawa69] zu entnehmen). Diese Darstellungsart bietet die folgenden Vorteile:

- Merkmale können ihren Ursachen eindeutig zugeordnet werden.

- Sind in der Darstellung nicht vorhandene Größen aufgetreten oder muß mit ihrem Auftreten gerechnet werden, so müssen diese schon bei der Dokumentation eindeutig zugeordnet werden. Die Initialphase der Problembeschreibung wird von Personen durchgeführt, die mit den Prozessen eng vertraut sind, wodurch sich eine korrekte Zuordnung der Daten ergibt.

- Der strukturierte Aufbau erleichtert das checklistenähnliche Abfragen der relevanten Daten.

3.1.4 Klassifizierung des Untersuchungsgegenstandes

Ziel der Klassifizierung ist es, die komplexe Gesamtproblematik so weit zu abstrahieren, daß eine allgemeingültige Abbildung in Sachgruppen ermöglicht wird. Durch diese Abbildung kann ein Suchmuster gebildet werden, mit dessen Hilfe gleiche oder ähnliche Zusammenhänge ermittelt werden können, die zu einer beschleunigten Problemlösung führen. Es ergeben sich die folgenden Vorteile:

- Wiederverwendbarkeit bereits erstellter Modelle

- Innerbetriebliche Normierung der Dokumentation des Untersuchungsgegenstandes

- Möglichkeit des Rückgriffs auf existierende Problemlösungsstrategien

Grundsätzlich erfolgt eine Klassifizierung von Sachmerkmalen durch Verschlüsselung in einem Sachnummernsystem, wobei der Begriff Sachmerkmal nach [DIN4000] als

"definierte Eigenschaft eines Gegenstandes, z.B. Abmessung, Ausführung, Form, Leistung, Werkstoff, elektrische und andere physikalische sowie chemische Eigenschaften"

definiert wird.

In der Praxis wird eine Vielzahl von Sachnummernsystemen eingesetzt, mit denen vorwiegend konstruktive und fertigungstechnische Ähnlichkeiten von Werkstücken aufgezeigt werden sollen. Hierdurch können Optimierungen in den Bereichen Produktgestaltung (etwa durch die Verwendung von Wiederholteilen), Arbeitsplanung (z.B. durch den Aufbau von Standardarbeitsplänen), Arbeitssteuerung (Optimierung von Rüstzeiten) und Investitionsplanung (Bestimmung des Bedarfs an Betriebsmitteln) durchgeführt werden [Wiendahl86].

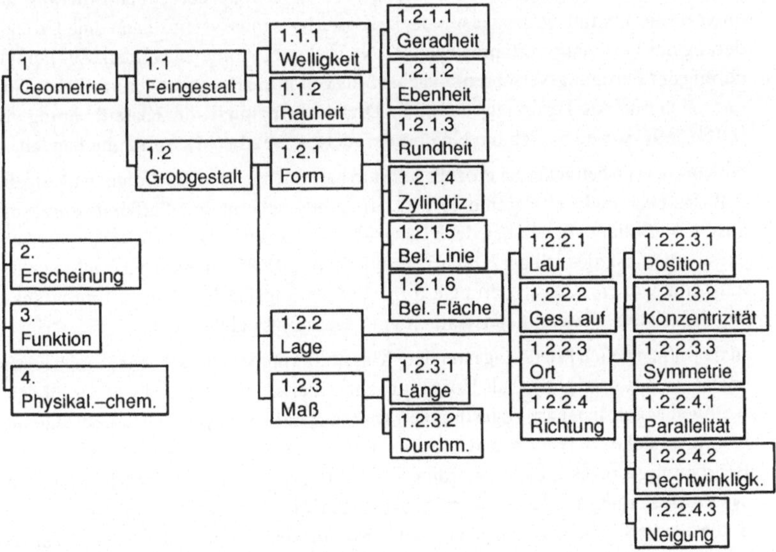

Abb. 3.9: Klassifizierung geometrischer Qualitätsmerkmale

Gegenstand der Klassifizierung sind die nachfolgend beschriebenen Bereiche Problemstellung, Prozeß, Produkt und Ablauf. Für die eingesetzten Klassifizierungsverfahren aller Bereiche ist zu fordern, daß

- sie eine möglichst unabhängig von betrachtetem Fall (Problem, Prozeß, Produkt oder Ablauf) sind und daß

- ihre überbetriebliche Anwendbarkeit gewährleistet ist.

Dies bedeutet, daß die verwendeten Verfahren möglichst genormt sein sollten oder zumindest in der industriellen Praxis weit verbreitet sind.

Die Klassifizierung der Problemstellung erfolgt anhand der betrachteten Qualitätsmerkmale. Die Grobklassifizierung von Qualitätsmerkmalen in physikalisch– chemische, geometrische, funktionale und die optische Erscheinung beschreibende Merkmale sowie die Feinklassifizierung geometrischer Merkmale wurden in Kapitel 2.1 bereits erläutert.

Die Klassifizierung geometrischer Qualitätsmerkmale wie in Abb. 3.9 dargestellt ist nach [DIN7184] genormt und erfüllt daher die Anforderungen nach Flexibilität und überbetrieblicher Anwendbarkeit. Dagegen hängt eine Einteilung insbesondere bei die optische Erscheinung beschreibenden und funktionalen Qualitätsmerkmalen stark vom betrachteten Produktspektrum ab, weshalb eine allgemeingültige und zugleich aussagekräftige Klassifizierung nicht möglich ist.

Bedingt durch die Zielsetzung der Generierung eines Suchmusters muß für die Prozeßklassifizierung ein Klassifizierungssystem gewählt werden, das eine arbeitsplatzunabhängige Arbeitsvorgangsverschlüsselung erlaubt. Gemäß der Grundforderung nach universeller Gültigkeit des verwendeten Klassifizierungssystems kann eine Grobgliederung der Fertigungsverfahren nach [DIN8580] vorgenommen werden. Zur Feingliederung der Fertigungsverfahren sind ebenfalls genormte Festlegungen verfügbar. So eignet sich für das Fertigungsverfahren Drehen prinzipiell die Klassifizierung nach [DIN8589], soweit es sich um ein dort definiertes spezifisches Verfahren handelt.

Abhängig vom betrachteten Prozeßspektrum kann sich jedoch die Problematik ergeben, daß das beschriebene allgemeine Klassifizierungsschema zur Differenzierung nicht ausreicht. Sollen z.B. verschiedene Längs–Runddrehprozesse voneinander unterschieden werden, ist dies mit der Klassifizierung nach [DIN8589] nicht mehr möglich. Hier muß eine weitere Klassifizierung erfolgen, die zwangsläufig mit einer Einschränkung der Prozeßklassifizierung hinsichtlich ihrer Flexibilität einhergeht.

In der industriellen Praxis angewendete Klassifizierungssysteme haben jedoch entsprechend ihres Einsatzgebiets als Hilfsmittel zur Arbeitssteuerung häufig einen auf den jeweiligen Maschinenpark abgestimmten Aufbau, sind also nicht mehr arbeitsplatzunabhängig (siehe z.B. [Wiendahl86]). Bei einer Beschränkung auf spanende Bearbeitungsprozesse bietet allerdings das fertigungsbeschreibende Klassifizierungssystem nach Lueg und Moll [Lueg72], das für die Verfahren Drehen, Bohren, Fräsen und Schleifen verfügbar ist, einen akzeptablen Kompromiß zwischen universeller Anwendbarkeit und Eindeutigkeit. Es bietet folgende Vorteile:

- Produktunabhängigkeit

- Unabhängigkeit von der Fertigungseinrichtung (Größe, Ausrüstung und Automatisierungsgrad)

- Möglichkeit zur strukturierten, individuellen Erweiterung auf weitere spanende Bearbeitungsprozesse bzw. weitere Feingliederung existierender Prozesse

Eine Kombination der dargestellten Klassifizierungsverfahren zur Anwendung auf Drehprozesse ist in Abb. 3.10 dargestellt.

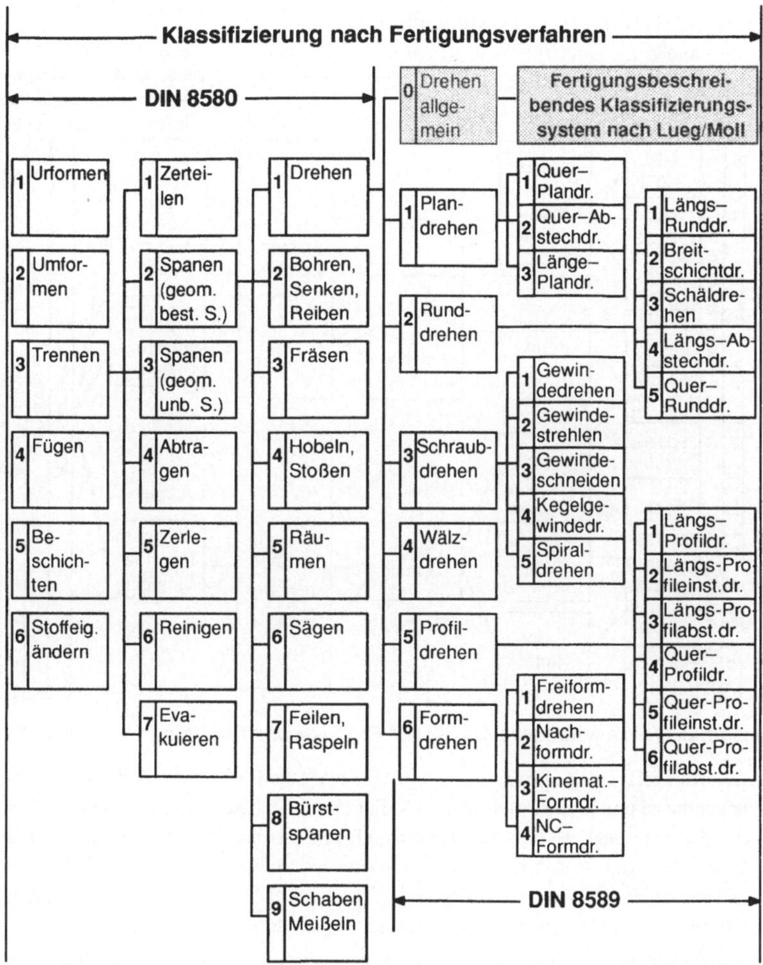

Abb. 3.10: Klassifizierungssystem der Prozesse (Beispiel Drehbearbeitung)

Für eine Klassifizierung der Produkte wird in [Wiendahl86] die Orientierung an der geometrischen Form empfohlen um eine Grobklassifizierung vorzunehmen und die Grundlage einer anwendungsspezifischeren Feinklassifizierung zu bilden. Für häufig vorkommende Teilearten wie Maschinenbau–Einzelteile, Schweiß– und Gußeinzelteile existieren überbetriebliche Systeme (in [Kunerth81] sind allein 40 derartige Systeme erwähnt), deren Einsatzmöglichkeit im nächsten Detaillierungsschritt zunächst überprüft werden sollte um eine möglichst universelle Einsetzbarkeit des Klassifizierungsschemas zu gewährleisten. Eigenentwicklungen von Produktklassifizierungssystemen sollten nur in Ausnahmefällen vorgenommen werden.

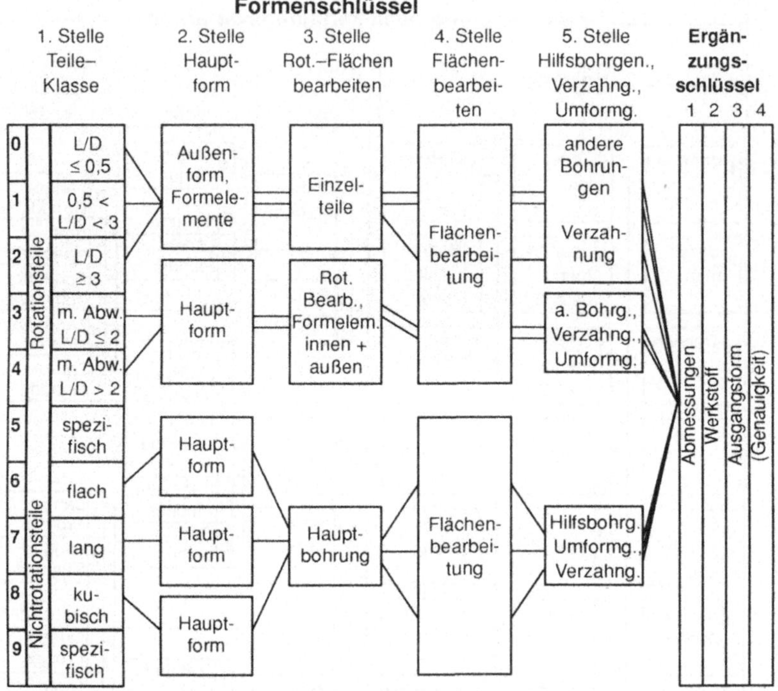

Abb. 3.11: Werkstücksystematik zur Produktklassifizierung (nach [Opitz65])

Das Klassifizierungssystem nach Opitz [Opitz65] stellt in diesem Zusammenhang das bekannteste und in der Praxis (z.T. in Variationen) am häufigsten angewendete System dar [Eversheim89]. Es ist produktunabhängig und beschränkt sich auf mechanisch bearbeitete Teile des Maschinenbaus. Für die Anwendung ist zu beachten, daß die Klassifizierung des Produkts von dem jeweils im Zusammenhang betrachteten Prozeß abhängt [Bernhardt85]. Der Aufbau des Klassifizierungssystems ist in Abb. 3.11 dargestellt.

In der betrieblichen Praxis ist es vorteilhaft, die Klassifizierungssysteme für Produkte und Prozesse in einem einheitlichen Sachnummernsystem zusammenzufassen, wobei im allgemeinen in Grobklassifizierung, Feinklassifizierung und Identifizierungsbereich gegliedert wird. Abb. 3.12 stellt die Einordnung der vorgestellten Produkt– und Prozeßklassifizierung in ein Sachnummernsystem dar. Auf den Identifizierungsbereich wird hier ganz verzichtet, da bei der Klassifizierung als Suchmuster in keinem Fall eine Identifizierung erfolgt.

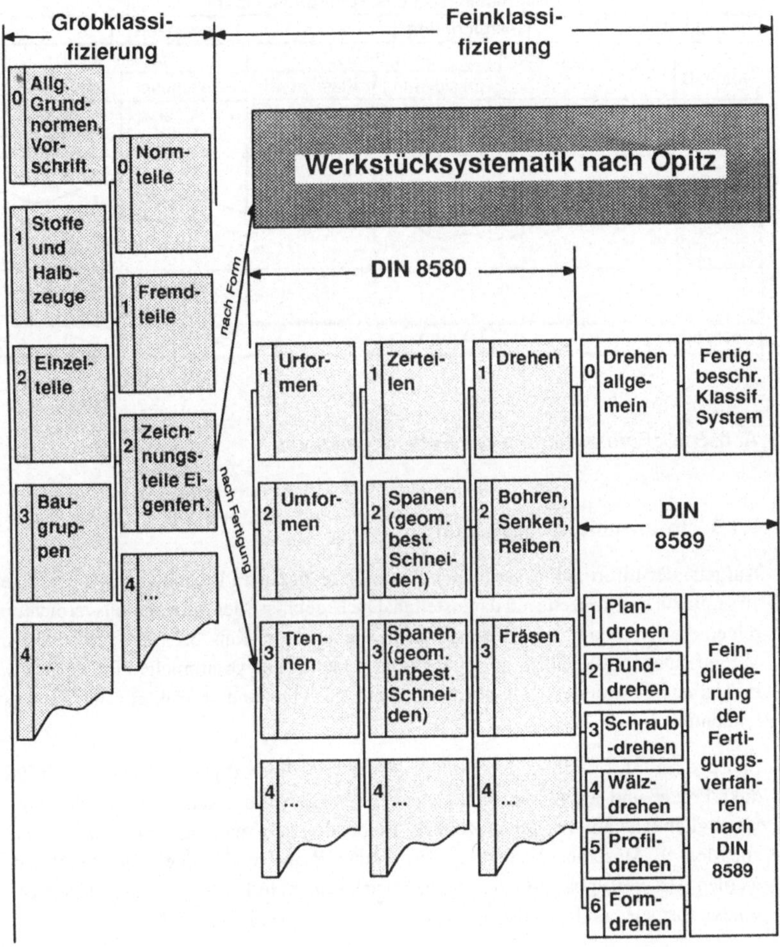

Abb. 3.12: Einordnung der Produkt– und Prozeßklassifizierung in ein Sach-
nummernsystem (nach [Lueg72])

Um die Vergleichbarkeit von Problemstellungen zu ermöglichen, ist es erforderlich, die Fertigungsabfolge im Herstellungsprozeß vergleichbar zu machen. Dies wird erreicht, indem die Prozeßklassen nach ihrer Reihenfolge im Fertigungsablauf eingeordnet werden. Die Einordnung der Abläufe in Klassen kann mit Hilfe einer Formalisierung wie in Abb. 3.13 dargestellt vorgenommen werden.

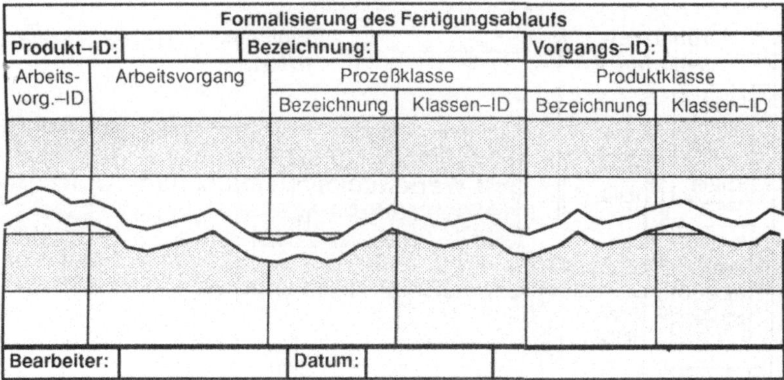

Abb. 3.13: Formalisierung des Fertigungsablaufs

3.1.5 Informationsverdichtung

Aufgabe der Informationsverdichtung ist es, alle zu einem Prozeß verfügbaren Daten zu sammeln und konzentriert darzustellen. Die Ergebnisse der Informationsverdichtung bilden die Grundlage zur nachfolgenden Datenanalyse (Kap. 3.2). Es werden alle im Verlauf eines Problemlösungsvorgangs entstandenen und gesammelten Informationen, insbesondere die der Problembeschreibungen, gesichtet und in strukturierter Weise dokumentiert.

Im Zuge der Informationsverdichtung muß den jeweiligen allgemeinen Daten über Produkt, Prozeß und Ablauf das verfügbare Wissen zugeordnet werden. Im Sinne der Praxistauglichkeit kann bei den prozeßbeschreibenden Informationen in die Einflußbereiche Mensch, Maschine, Werkzeug, Vorrichtung, Prozeß und Umgebung unterschieden werden. Das verfügbare Wissen ist dabei nach seiner Herkunft in numerisches (technisches), formales und praktisches Wissen zu gliedern (vgl. Abb. 3.1).

Im Bereich numerisches Wissen ist zu beachten, daß zur Identifizierung bzw. Analyse eines Prozesses immer mehrere Systemzustände zu betrachten sind. Entsprechend müssen mehrere Beschreibungen aufgenommen werden. In den Bereichen formales und praktisches Wissen muß nicht nach mehreren Untersuchungen gegliedert werden, da bei der Beschreibung dieser Wissensarten die Randbedingungen, d.h. der Systemzustand immer implizit in der Beschreibung enthalten sind.

Die erste Informationsverdichtung findet immer an dem Prozeß statt, der den Betrachtungsgegenstand der Untersuchung darstellt, d.h. bei dem beispielsweise Qualitätsprobleme zu erwarten oder bereits eingetreten sind. Durch die Anfertigung einer ausführlichen Problembeschreibung des Untersuchungsgegenstandes ist gewährleistet, daß alle den Systemzustand beschreibenden Daten erfaßt werden.

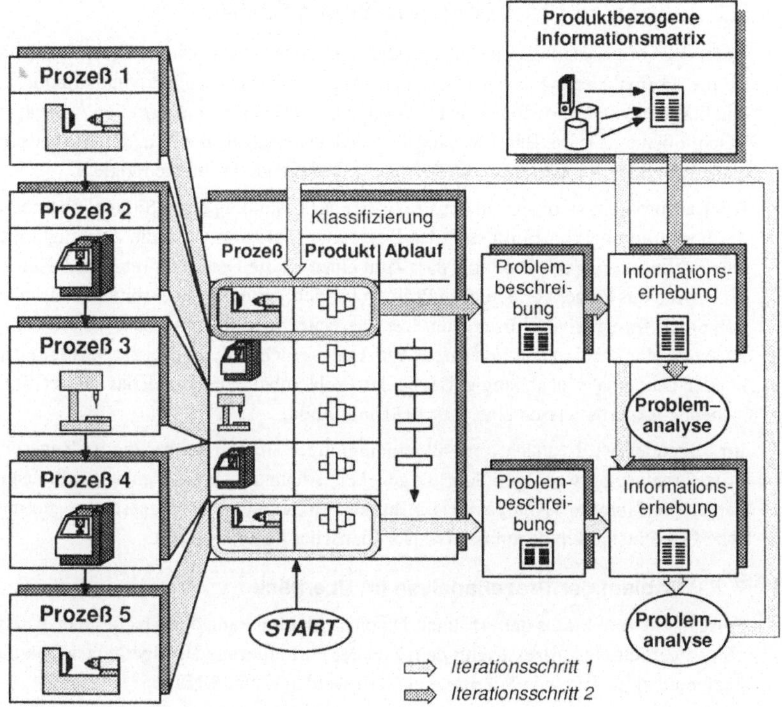

Abb. 3.14: Datenakquisition als iterativer Vorgang

Durch die Prüfung aller qualitätsrelevanten Daten anhand der in der produktbezogenen Informationsmatrix erfaßten Datenquellen (vgl. Kap. 3.1.2) ist gesichert, daß alle verfügbaren Datenquellen gesichtet wurden oder zumindest bekannt sind. Das hierdurch erfaßte Wissen über den Untersuchungsgegenstand wird dokumentiert. Die Datenakquisition ist damit vorläufig abgeschlossen.

Nach erfolgter Informationsverdichtung schließt sich die erste Phase der Datenanalyse an (siehe Kap. 3.2). Hier muß festgestellt werden, ob weitere Prozesse, die dem zunächst betrachteten Prozeß vorgelagert sind, untersucht werden müssen. Ist dies der Fall, muß auch für diese Prozesse eine Problembeschreibung und Informationsverdichtung erfolgen. Die Datenakquisition kann somit nicht als abgeschlossener Vorgang betrachtet werden. Es handelt sich vielmehr um einen iterativen Vorgang, der bedarfsorientiert durchgeführt werden muß (Abb. 3.14).

3.2 Analyse prozeßbeschreibender Daten

Unter der Voraussetzung einer strukturierten Vorgehensweise bei der Datenakquisition ist die Formalisierung produktbeschreibender Informationen (Produktstruktur und Qualitätsmerkmale) sowie der ein Produktionssystem in seiner materiellen Ausprägung beschreibenden Daten (Beschreibung der Betriebsmittel) als Basis für den Aufbau eines entsprechenden Simulationsmodells ohne grundlegende Probleme möglich.

Als Kernproblem stellt sich in der Praxis bei der Erstellung eines Simulationsmodells die Formulierung von Einflüssen des Bearbeitungsprozesses auf die Ausprägung der Qualitätsmerkmale des Produkts dar: Zum einen ist die Detektion relevanter Einflußgrößen auf das Prozeßverhalten ein Problembereich, der nicht ohne weiteres ausschließlich durch formalisierte Lösungsansätze bearbeitet werden kann. Zum anderen ist die Auswahl eines geeigneten Verfahrens zur Analyse nicht zuletzt vom zur Verfügung stehenden Datenmaterial abhängig. Bei beiden Problembereichen spielt das zur Verfügung stehende Expertenwissen eine entscheidende Rolle.

Im folgenden wird zunächst ein allgemeingültiger Überblick über die im Zuge einer Prozeßanalyse notwendigen Schritte gegeben. Anhand dieses Schemas wird beispielhaft ein Verfahren zur Analyse des Einflusses von Bearbeitungsprozessen auf geometrische Qualitätsmerkmale auf der Basis statistischer Daten erläutert.

3.2.1 Ablauf der Prozeßanalyse im Überblick

Ausgehend vom Status der erfolgten Datenakquisition kann der Ablauf einer Analyse eines Bearbeitungsprozesses mit dem Ziel der Formulierung aussagefähiger Qualitätsbeziehungen in folgende Schritte eingeteilt werden (Abb. 3.15):

- Die akquirierten Daten müssen für das jeweils zur Anwendung kommende Analyseverfahren aufbereitet werden. Dazu müssen aus dem Datenmaterial alle potentiellen Einflußgrößen, die für die Beeinflussung des Qualitätsmerkmals am betrachteten Produkt in Frage kommen könnten, aufgelistet werden.

- Die potentiellen Einflußgrößen werden in ihrem Verlauf über verschiedene Prozeßzustände beurteilt. Es erfolgt eine Aussonderung von Größen, die entweder nicht mit dem jeweiligen Verfahren betrachtet werden können (z.B. qualitative Größen bei der Anwendung quantitativer Verfahren) oder die wegen ihres Verlaufs oder aus Erfahrungswerten heraus als nicht signifikant beurteilt werden. Die verbleibenden potentiellen Einflußgrößen werden für das zur Anwendung kommende Analyseverfahren aufbereitet (siehe Kap. 3.2.2).

- Im anschließenden Schritt erfolgt die eigentliche Bildung einer Qualitätsbeziehung mittels eines ausgewählten Verfahrens. Das Ergebnis kann eine funktionale, regelbasierte oder tabellarische Qualitätsbeziehung sein.

- Verifikation: Eine Verifikation der formulierten Qualitätsbeziehung erfolgt durch den Vergleich von mit Hilfe dieser Qualitätsbeziehung ermittelten Ausprägungen des Qualitätsmerkmals am Produkt mit realen Prozeßergebnissen.

- Die Ergebnisse der Verifikation müssen in jedem Fall im Expertenkreis analysiert und diskutiert werden. Es sind Fehlermöglichkeiten zu ermitteln, die die Güte der

Qualitätsbeziehung beeinträchtigen, und es ist eine Entscheidung darüber zu treffen, ob die ermittelte Qualitätsbeziehung als ausreichend betrachtet werden kann oder ob und unter welchen geänderten Voraussetzungen die Datenanalyse erneut durchgeführt werden soll.

Bei der Prozeßanalyse handelt es sich also um einen iterativen Vorgang, der es je nach der Beurteilung des Analyseergebnisses erfordern kann, z.B. die Analyse mit einer anderen Methode, mit anderen Einflußgrößen oder sogar mit anderen Grunddaten (nach einer erneuten Datenakquisition) durchzuführen.

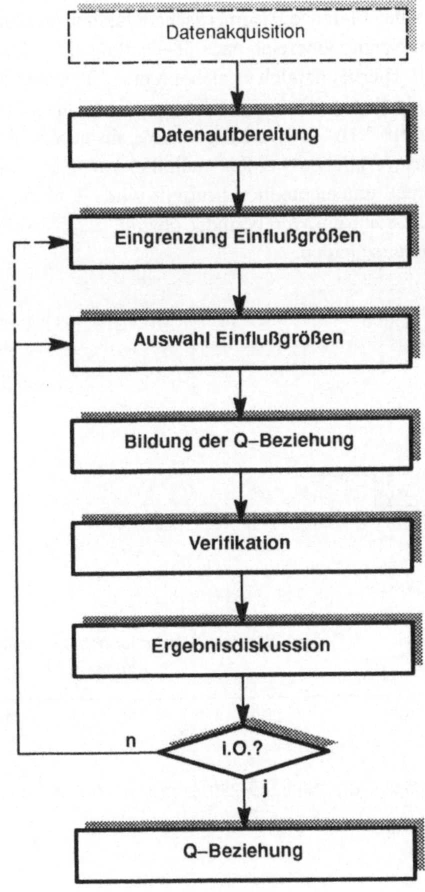

Abb. 3.15: Vorgehensweise zur Prozeßanalyse

3.2.2 Datenaufbereitung – Normierung von Zielgrößen

Bei der Aufbereitung von statistischen Daten zum Zweck der Analyse der qualitätsbeeinflussenden Größen eines Bearbeitungsprozesses stellt sich in der Praxis häufig das
Problem einer unzureichenden Grundgesamtheit von Daten für einen Produkttyp. Es ist
daher im Sinne der Erhöhung der Aussagesicherheit praktikabel, Daten von mehreren
ähnlichen Produkttypen für die Untersuchung eines Prozesses heranzuziehen. Ähnlich-
keit bedeutet hier, daß für diese Produkte die Veränderung der Ausprägung desselben
Qualitätsmerkmalstyps durch den Prozeß von Interesse ist.

Bei der gemeinsamen Betrachtung ähnlicher Qualitätsmerkmale ist in jedem Fall zu beachten, ob gleich große Abweichungen vom Sollwert gleich beurteilt werden. So werden beispielsweise die Toleranzen geometrischer Qualitätsmerkmale im allgemeinen in
Abhängigkeit vom Nennmaßbereich nach IT–Qualitäten für Längenmaße vorgenommen [DINISO286]. Hierbei handelt es sich um eine "Treppenfunktion", deren Stufen
durch entsprechende Nennmaßbereiche und assoziierte zulässige Abweichungen cha-
rakterisiert sind (Abb. 3.16). Sollen Längenmaße aus unterschiedlichen Nennmaßbe-
reichen miteinander verglichen werden, kann dies zur Folge haben, daß eine Abwei-
chung vom Nennmaß unterschiedlich beurteilt wird, je nachdem, auf welcher Seite
einer Nennmaßgrenze sich ein Wert befindet, obwohl sich etwa die Nennmaße nur mini-
mal voneinander unterscheiden.

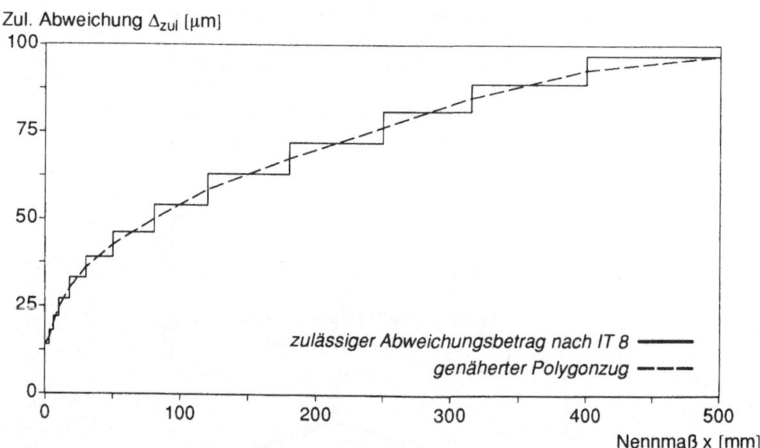

Abb. 3.16: Approximation der ISO–Stufenfunktion am Beispiel IT 8

Für diesen Fall ist es erforderlich, die Zielgrößen zu normieren um eine Vergleichbarkeit zu gewährleisten. Die Vorteile normierter Zielgrößen lassen sich folgendermaßen zusammenfassen:

- Die vergleichende Beurteilung von Merkmalen unterschiedlicher Beurteilungsbereiche wird ermöglicht.

- Unterschiedliche Prozesse mit verschiedenen Toleranzgrenzen können miteinander verglichen werden.

Für das beschriebene Beispiel muß eine Funktion gefunden werden, die es erlaubt, für die betrachteten Längenmaße und Toleranzklassen einen Vergleichswert zu ermitteln. Dies kann erfolgen, indem der nicht differenzierbare Verlauf der IT–Toleranzklasse über die Nennmaßbereiche mittels eines Polygonzugs durch die Mitte der Stufensprünge ersetzt wird (Abb. 3.16). Diese wird wiederum mittels einer Regressionskurve angenähert, die die Differenzierbarkeit der Normierungsfunktion gewährleistet [Gumpoltsberger93].

3.2.3 Eingrenzung und Auswahl statistischer Einflußgrößen

Alle potentiellen Einflußgrößen werden in diesem Schritt der Prozeßanalyse gemäß ihres Verlaufs beurteilt und bezüglich der Einschätzung der Größe ihres Einflusses gewichtet. Es handelt sich hier um einen zum Teil subjektiven Vorgang, der vom Wissen der an dieser Untersuchung beteiligten Personen abhängt. Neben dem Expertenwissen können für statistische Einflußgrößen folgende Verfahren zu deren Reduzierung beitragen:

<u>a) Festlegung relevanter Differenzen</u>

Mit Hilfe relevanter Differenzen kann beurteilt werden, ob sich die Änderung einer potentiellen Einflußgröße signifikant auf die Zielgröße auswirkt. Bezogen auf die Ergebnisse $\bar{x}$ (Mittelwerte der Zielgröße x) zweier Stichproben A und B ergibt sie sich zu:

$$\Delta_{rel} = \bar{x}_A - \bar{x}_B$$

Einen Ansatz zur Festlegung der relevanten Differenz gibt die Einführung eines Konfidenzintervalls, das mit einer sinnvollen Sicherheitswahrscheinlichkeit den wahren Mittelwert der Zielgröße x einschließt [Gumpoltsberger93]. Werden nun für zwei Stichproben die jeweiligen Konfidenzintervalle berechnet, kann beurteilt werden, ob sich die Mittelwerte signifikant voneinander unterscheiden. Für das zweiseitige Konfidenzintervall gilt nach [Scheffler86]

$$K_i = \bar{x} \pm \frac{t \cdot s}{\sqrt{c}}$$

mit

Wert der t–Verteilung	$t\,(v, P)$
Freiheitsgrad	v
Konfidenzniveau	P
Standardabweichung	s
Anzahl der Meßwerte	c

Dabei errechnet sich das Konfidenzniveau zu

$$P = 1 - \alpha$$

mit

Irrtumswahrscheinlichkeit $\quad \alpha$

Beträgt die Irrtumswahrscheinlichkeit α beispielsweise 5%, so liegt der wahre Mittelwert $\bar{x}$ mit dieser Wahrscheinlichkeit nicht innerhalb des Konfidenzintervalls. Der Freiheitsgrad ν errechnet sich aus der Anzahl der Meßwerte c und der Anzahl der zu bestimmenden Zielgrößen n_z zu

$$\nu = c - n_z$$

Mit dem Konfidenzintervall wird mit der Wahrscheinlichkeit P die Nullhypothese abgelehnt, die besagt, daß die Mittelwertdifferenzen rein zufällig sind. Überlappen oder berühren sich die Konfidenzintervalle zweier Stichproben A und B, so wird die Nullhypothese als zutreffend beurteilt – die potentielle Einflußgröße Mittelwertdifferenz gilt als nicht signifikant. Damit ergibt sich die relevante Differenz als Summe der jeweiligen halben Intervallbreite der Stichproben zu

$$\Delta_{AB} = \frac{t \cdot s_A}{\sqrt{c_A}} + \frac{t \cdot s_B}{\sqrt{c_B}}$$

b) Aufstellung von Gruppensiebplänen

Unter Gruppensiebplänen ist die Zusammenfassung von mehreren potentiellen Einflußgrößen (im allgemeinen etwa 3 bis 6 Einflußgrößen) zu Gruppen zu verstehen, die dann wie eine Einflußgröße behandelt werden. Wird von einer Gruppe ein bedeutender Effekt bewirkt, so kann die signifikante Einflußgröße innerhalb dieser Gruppe mit Hilfe von weiterem Datenmaterial (u.U. durch weitere Versuche) lokalisiert werden.

Die Anwendung von Gruppensiebplänen ist allerdings nur sinnvoll, wenn die Anzahl der betrachteten potentiellen Einflußgrößen sehr hoch, die Anzahl der vermuteten signifikanten Einflußgrößen aber niedrig ist. Außerdem müssen folgende Fehlermöglichkeiten bei der Anwendung dieses Verfahrens in Betracht gezogen werden:

- Sind zwei signifikante Einflußgrößen mit gegenläufigen Effekten in einer Gruppe, können sie übersehen werden.

- Innerhalb einer Gruppe können sich nicht signifikante Effekte addieren, woraus im Extremfall die vermeintliche Detektion eines Gruppenelements als signifikante Einflußgröße folgen kann.

c) Ausreißertests

Wenn bei der Betrachtung einer Stichprobe bestimmte Werte Ausreißer zu sein scheinen, muß dies mit Hilfe eines Ausreißertests überprüft werden. Verwendet wird hier der David–Hartley–Pearson–Ausreißertest [John79], der sich in einem experimentellen Vergleich mit anderen Methoden durch die höchste Aussagesicherheit bei vergleichsweise geringem Durchführungsaufwand erweist [Weippert94]:

Gegeben sei eine Stichprobe von nach ihrer Größe geordneten Werten x_1 bis x_N. Es ist zu prüfen, ob der enthaltene kleinste Wert x_1 ein Ausreißer ist (die Überprüfung des größten Wertes erfolgt analog). Die Anfangshypothese lautet

$$H_0 : x_1 \text{ ist kein Ausreißer}$$

Die Hypothese H_0 wird zum Signifikanzniveau α verworfen (x_1 gehört also zur Stichprobe) wenn gilt:

$$DHP > DHP_{N;1-\alpha}$$

mit

$$DHP = \frac{x_N - x_1}{\sigma} = \frac{x_N - x_1}{\sqrt{\frac{1}{N-1} \sum_{i=1}^{N} (x_i - \bar{x})^2}}$$

Die Quantile des David–Hartley–Pearson–Tests $DHP_{N;1-\alpha}$ kann in Abhängigkeit der Irrtumswahrscheinlichkeit und der Anzahl der Meßwerte der Stichprobe aus einschlägigen Tabellenwerken (z.B. in [John79]) entnommen werden.

Bei der Untersuchung von Meßwerten ist in jedem Fall zu untersuchen, ob Ausreißer ggf. charakteristisch für den betrachteten Prozeß sind. So kann z.B. ein regelmäßig wiederkehrender Maschinenstillstand zur Folge haben, daß nachfolgende Prozeßergebnisse Ausreißercharakter haben. In diesem Fall ist eine adäquate Einbeziehung dieser Meßwerte für die Ableitung eines hinreichend genauen Prozeßmodells erforderlich.

3.2.4 Bildung der Qualitätsbeziehung mit multipler linearer Regression

Im folgenden Schritt wird mittels multipler linearer Regression untersucht, wie die Zielgröße z von den Einflußgrößen x_1, x_2, ... x_n – den unabhängigen Variablen oder Regressoren – abhängt. Die Festlegung eines Regressionsmodells erfolgt in Abhängigkeit von der Anzahl der als signifikant angesehenen Einflußgrößen (vgl. Kap. 3.2.3). Für n unabhängige Einflußgrößen (mögliche Wechselwirkungen werden vernachlässigt) hat ein Regressionsmodell folgende Form:

$$z = p_0 + p_1 x_1 + p_2 x_2 + ... + p_n x_n$$

Die Detektion des relativ besten Modells erfolgt aus der Grundmenge aller durch die Kombination der potentiellen Regressanden R bildbaren Modelle:

$$\binom{R}{R}, \left(R \frac{R}{-1} \right), ..., \binom{R}{1}$$

Ausgehend von einer maximalen Anzahl von 6 Einflußgrößen, d.h. 6 Regressanden, werden beispielsweise insgesamt 57 Regressionsmodelle gebildet. Die Parameter der Regressionsmodelle werden durch das Einsetzen der entsprechenden Werte der Zielgröße und der zugeordneten Werte der Einflußgrößen in ein Berechnungsprogramm für lineare Regression [Mathematica92] mit Hilfe des Verfahrens der kleinsten Fehlerquadrate [John79] ermittelt.

3.2.5 Verifikation der Qualitätsbeziehung

Ein Vergleich der Modelle und die Auswahl des optimalen Regressionsmodells kann durch die Ermittlung der Differenzen von berechneten und realen Werten auf einfache Weise durchgeführt werden (Abb. 3.17). Zur Verifikation der Qualitätsbeziehungen ist außerdem die Anwendung statistischer Verfahren wie Hypothesentests und Korrelationsanalysen im Sinne einer Erhöhung der Aussagesicherheit empfehlenswert. Eine detaillierte Erläuterung der Verfahren ist z.B. [Scheffler86] zu entnehmen.

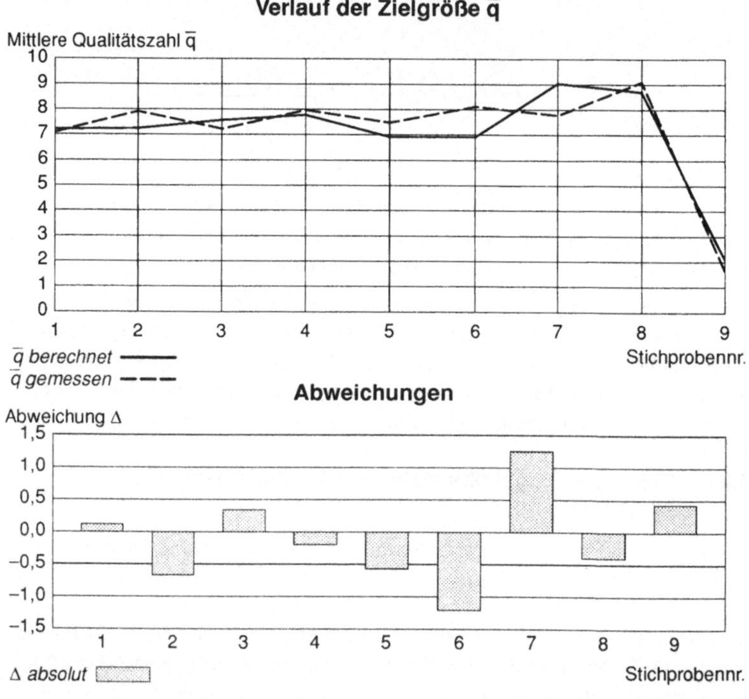

Abb. 3.17: Vergleich von realen und berechneten Werten der Zielgröße

Im einzelnen eignet sich für den Vergleich von alternativen Regressionsmodellen nach einer in [Weippert94] durchgeführten Untersuchung insbesondere die Anwendung folgender Methoden:

- *Varianzanalyse:* Es wird mittels des F–Tests überprüft, ob alle Regressionskoeffizienten gemeinsam von Bedeutung für die Zielgröße sind [Hartung85].

- *Einzelregressorentests:* Jeder einzelne Regressand wird mit Hilfe eines t–Tests auf seine Signifikanz untersucht [Hartung85].

- *Berechnung der Vertrauensgrenzen:* Die Genauigkeit der Regressionskoeffizienten wird durch die Berechnung von Vertrauensbereichen für jeden einzelnen und alle Kombinationen von Koeffizienten ermittelt [Bamberg80].

- *Berechnung von Gütezahlen für die Regression:* Zur Feststellung, ob eine Regressionsgleichung auch mit weniger Regressoren Ergebnisse ähnlicher Güte erwarten läßt, werden abschließend die Kennzahlen Bestimmtheitsmaß, Streuung und C–Größe nach Mallows ermittelt (zu letzterem siehe auch [Hocking76]).

3.2.6 Weitere Verfahren zur Prozeßanalyse

Die oben erläuterte Methode zur Modellierung von Prozessen mittels statistischer Verfahren stellt nur ein Beispiel für die Prozeßanalyse dar. Statistische Verfahren wurden wegen des Charakters der in der Praxis häufig zur Verfügung stehenden prozeßbeschreibenden Daten, wie sie z.B. aus Maschinenfähigkeitsuntersuchungen extrahiert werden können, verwendet.

Die Einbeziehung von statistischen Grundmodellen für spezifische Prozeßklassen kann eine wesentliche Erleichterung und Verbesserung bei der Erstellung statistischer Prozeßmodelle zur Folge haben. Es sei in diesem Zusammenhang insbesondere auf laufende Arbeiten zur Ausarbeitung von Charakteristika spanender Bearbeitungsprozeßklassen verwiesen [Oestreich92].

Der Einfluß von Expertenwissen bei der Prozeßmodellierung ist essentiell. Neben der oben angesprochenen Einbeziehung von menschlichen Experten in die Modellierung ist der Einsatz von wissensbasierten Systemen grundsätzlich sinnvoll. Für verschiedene Anwendungsfälle (Prozesse bzw. Prozeßspektren) existieren bereits Implementierungen (siehe z.B. [Schnelle92, Narang93]). Ihr Einsatz ist aber weitgehend von der jeweiligen Problemstellung, d.h. vom jeweils zu betrachtenden Prozeß abhängig.

Ein weiterer zur Zeit vieldiskutierter Ansatz ist die Anwendung neuronaler Netze zur Prozeßmodellierung [Godwin92, Jones93, Krüger92, Tansel92]. Vor allem die Lernfähigkeit neuronaler Netze läßt sie zur Erstellung von im Laufe ihrer Anwendung mit geringem Aufwand verbesserbaren Modellen des qualitätsrelevanten Prozeßverhaltens prinzipiell geeignet erscheinen. Die Anwendbarkeit verschiedener Arten von neuronalen Netzen auf spezifische Prozesse wird allerdings erst für Einzelfälle untersucht [Weis94]. Verallgemeinerbare Ergebnisse vor allem hinsichtlich des Vergleichs mit anderen Methoden liegen noch nicht vor.

4 Informationsmodell zur Simulation von Qualitätsveränderungen in flexiblen Produktionssystemen

Das in diesem Abschnitt beschriebene Informationsmodell bildet die Grundlage für die Implementierung eines Simulationssystems zur Qualitätsplanung. Es soll die qualitätsrelevanten Eigenschaften von Produkten, Prozessen und Abläufen (d.h. Prozeßkombinationen zur Bearbeitung eines Produkts) auf allgemeingültige Weise abbilden. Das Informationsmodell muß somit sowohl unabhängig von den abgebildeten realen Objekten (also etwa vom betrachteten Produkt– und Prozeßspektrum) als auch unabhängig von der Implementierungsumgebung (Hard– und Software) eines auf ihm aufbauenden Simulationssystems sein.

Im folgenden werden die Grundelemente eines Produktionssystems – Produkt, Prozeß und qualitätsrelevante Abläufe – in ihrer Struktur analysiert, woraus unter Berücksichtigung von existierenden Modellierungsansätzen eine adäquate Abbildungsform im Informationsmodell hergeleitet wird. Diese wird anschließend mittels einer geeigneten objektorientierten Beschreibungsweise formalisiert.

4.1 Beschreibung qualitätsrelevanter Produkteigenschaften im Informationsmodell

Nach [DIN199] ist unter einem Produkt ein durch Produktion entstandener gebrauchsfähiger bzw. verkaufsfähiger Gegenstand zu verstehen. Für die realitätsnahe Abbildung beliebiger Produkte nach fertigungstechnischen Gesichtspunkten müssen folgende grundlegende Anforderungen an das Produktmodell erfüllt werden:

- Es müssen beliebige Qualitätsmerkmale abgebildet werden können.

- Alle möglichen Zwischenzustände des Produkts während des Fertigungsprozesses im engeren Sinne, d.h. vom Rohmaterial bis zum Endprodukt müssen darstellbar sein.

- Das Produktmodell muß modular aufgebaut sein um die realitätsnahe Abbildung von Änderungen oder Varianten zu ermöglichen.

- Auch die Struktur komplexer Produkte muß im Modell transparent bleiben und der realen Struktur zugeordnet werden können.

Außerdem ist im Sinne der Integrationsfähigkeit in verschiedene Unternehmensumgebungen zu fordern, daß das hier vorgeschlagene Produktmodell eine weitgehende Kompatibilität zu existierenden oder zu erwartenden Ergebnissen internationaler Normungsbestrebungen zur Produktmodellierung aufweist [Schuster88, Anderl89]. Dabei sind die zur Zeit wichtigsten und umfassendsten Aktivitäten der Entwicklung des Standard for the Exchange of Product Model Data (STEP) zuzuordnen [Grabowski92]. Bei der Entwicklung von STEP wird der Schwerpunkt auf den integrativen Aspekt des Produktmodells gelegt. Dies hat zur Folge, daß einerseits die modellierten Strukturen sehr komplex sein müssen und andererseits die Entwicklung bislang noch erhebliche Defizite – gerade auf dem Gebiet der Modellierung qualitätsrelevanter Aspekte – erkennen läßt.

Bei der Entwicklung eines produkt– und branchenneutralen Qualitäts–Informationssatzes (QDES – Quality Data Exchange Specification) sind dagegen alle qualitätsrelevanten Informationen prinzipiell berücksichtigt [Pfeifer91]. Der Schwerpunkt von QDES liegt allerdings auf der Vereinfachung der Kommunikation zwischen konventionellen CAQ–Systemmodulen, die Anwendbarkeit dieses Datenmodells ist daher auf die Durchführung von Tätigkeiten wie Prüfung oder Prüfplanerstellung beschränkt.

4.1.1 Analyse der Produktstruktur

Zur Gewährleistung der Erfüllung der oben beschriebenen Anforderungen und der Anforderungen an die Integrations– und Kommunikationsfähigkeit des Informationsmodells kann das Prinzip der Baugruppenstrukturierung nach

- Einzelteil

- Baugruppe

- Erzeugnis (Gesamtprodukt)

angewendet werden. Diese Strukturierung wird im Prinzip auch im Partialmodell PSCM (Product Structure Configuration Management) von STEP verwendet [Grabowski92].

In diesem Teilmodell ist das Einzelteil die unterste Hierarchiestufe in der Produktstruktur. Im Sinne einer transparenten und praxisnahen Modellierung ist es sinnvoll, die Strukturierung um das Element "Werkstoff" zu ergänzen, da in der Praxis Werkstoffbezogene Kenngrößen (d.h. Qualitätsmerkmale) eines Teils wegen ihres Umfangs und ihres Wiederholungscharakters meist nicht explizit aufgeführt werden. Vielmehr wird auf Normen (z.B. DIN–Normen oder Werknormen) verwiesen (siehe z.B. [Hoischen93]). Diese Werkstoffkenngrößen beschreiben die Qualitätslage des Ausgangsmaterials eines Einzelteils und werden als Qualitätsmerkmale dem Grundelement "Werkstoff" zugeordnet. Die Aufnahme des Grundelements Werkstoff in das Produktmodell hat außerdem den Vorteil, das die im Partialmodell "Material Property" beschriebenen Werkstoffeigenschaften integriert werden können, in dem die Materialelastizitätsmatrix sowie materialspezifische Koeffizienten (z.B. Ausdehnungs–, Wärmeübertragungs– und Wärmeleitfähigkeitskoeffizienten) spezifiziert sind [Grabowski89].

Die Einzelteile eines Produkts können ihren Ursprung sowohl innerhalb der Grenzen des zu simulierenden Produktionssystems haben (Fertigungsteile) als auch von außerhalb in das System gelangen (Kaufteile). Handelt es sich bei einem Einzelteil um ein Kaufteil, so werden die Werkstoffkenngrößen und spezifischen Eigenschaften des Teils im Qualitätsmerkmalsatz des Einzelteils gemeinsam aufgeführt; eine weitere Aufgliederung dieser Teileart über die Systemgrenzen hinaus erfolgt nicht. Bei Fertigungsteilen wurden die Werkstoffeigenschaften bereits für das Grundelement "Werkstoff" definiert. Somit sind im Zuge der Beschreibung der Qualitätsmerkmale nur noch die für das Einzelteil spezifischen Eigenschaften aufzuführen.

Die Baugruppe ist eine Zwischenstufe auf dem Weg zum Erzeugnis, die aus Einzelteilen und anderen Baugruppen bestehen kann. Jedem Grundelement "Baugruppe" können wiederum spezifische Eigenschaften als Qualitätsmerkmale zugeordnet werden.

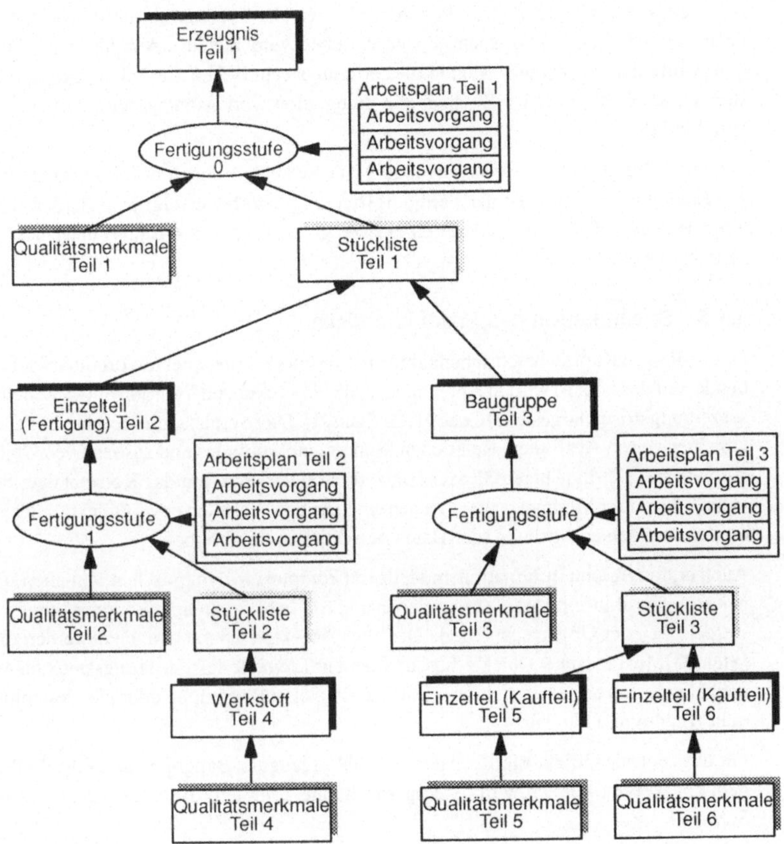

Abb. 4.1: Die Produktstruktur

Das Erzeugnis ist das letzte Glied in der Produktionskette. Prinzipiell kann sowohl eine Baugruppe als auch ein Einzelteil als Erzeugnis angesehen werden. Dementsprechend erfolgt die Zuordnung der Qualitätsmerkmale nach Bedarf. Entweder wie beim Einzelteil oder wie bei der Baugruppe.

4.1.2 Abbildung der Produktstruktur

Um die Simulation qualitätsrelevanter Merkmale eines Erzeugnisses zu ermöglichen, ist eine Strukturierung der Produkte nach fertigungstechnischen Gesichtspunkten erforderlich.

Aus den allgemein gebräuchlichen Abbildungen der Erzeugnisstruktur wie z.B. in [Warnecke93b] oder [Eversheim90] beschrieben wird hier die Abbildung als Fertigungsstufenbaum gewählt, welche die fertigungstechnischen Gesichtspunkte am besten berücksichtigt und z.B. auch die Integration von Montageprozessen erlaubt [Englert94].

Die Darstellung als Fertigungsstufenbaum ist eine analytische Top–Down Darstellung des Erzeugnisses entgegen der Fertigungsrichtung. Hierbei erfolgt eine Berücksichtigung der Reihenfolge des Aufbaus eines Erzeugnisses aus seinen Baugruppen und Einzelteilen (Abb. 4.1).

4.1.3 Spezifikation des Produktmodells

Das in diesem Kapitel beschriebene Informationsmodell (genauer der produktbeschreibende Teil desselben) wird in Anlehnung an die von Coad und Yourdon entwickelte Beschreibungsform dargestellt [Coad91, Graham91]. Diese ergänzt die Beschreibung von Objekten, ihren Attributen, Relationen, Super– und Subtypes und assoziativen Objekten, wie sie z.B. in [Shlaer88] oder [Batz93] erläutert sind, um das Konzept der "Services", worunter Methoden zu verstehen sind, die das Verhalten eines Objekts unter Beeinflussung seiner Attribute (der Daten des Objekts) beschreiben.

Auch umfangreiche Informationsmodelle mit komplexem dynamischen Verhalten können so auf strukturierte Weise beschrieben und z.B. in Softwareapplikationen umgesetzt werden, da jedes Objekt eines Modells in allen Aspekten separat betrachtet werden kann [Stein93]. Insgesamt 9 Objekte beschreiben ein Element des Fertigungsstufenbaums, unabhängig davon, ob es sich um ein Einzelteil, eine Baugruppe oder ein Gesamtprodukt (Erzeugnis) handelt.

Für das zentrale Objekt "Teil", in dem sowohl Erzeugnis, Bauguppe und Einzelteil abgebildet werden können, wird exemplarisch eine komplette Beschreibung nach dem Schema

- Identifikation,

- verbale Beschreibung,

- Attribute und

- Darstellung des Datenflusses

vorgenommen. Die weiteren Objekte des Produktmodells werden verbal beschrieben. Abb. 4.2 beschreibt die strukturelle Abhängigkeit der Objekte. Die Abbildung erfolgt durch breite Vollinien und Pfeile, die die Zuordnung markieren. Die Abhängigkeitsbeziehungen der Objekte des Produktmodells sind in Abb. 4.3 erläutert.

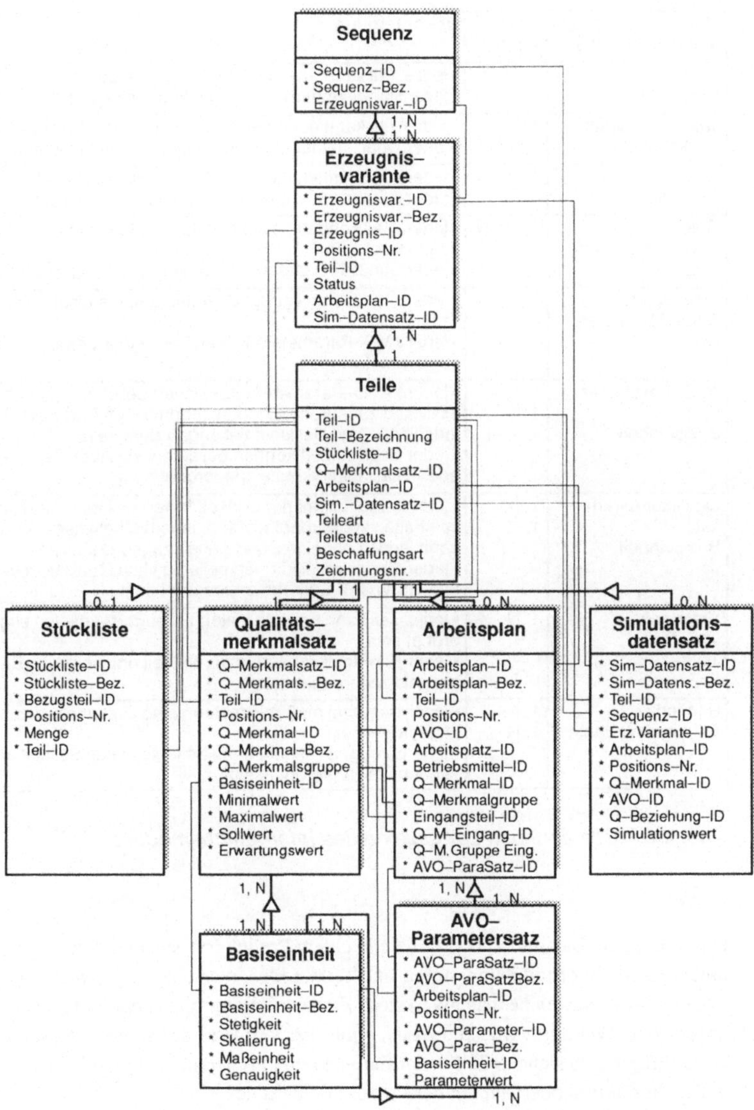

Abb. 4.2: Informationsmodell, Teilbereich Produkt

Objekte des Informationsmodells	Beziehung	Beschreibung
Teile – Stückliste	1 – 0, 1	• jedes Teil kann nur eine Stückliste besitzen • jede Stückliste muß einem Teil zugeordnet sein
Teile – Qualitätsmerkmalsatz	1 –1	• jedes Teil kann nur einen Qualitätsmerkmalsatz besitzen • jeder Qualitätsmerkmals. muß einem Teil zugeordnet sein
Teile – Arbeitsplan	1 – 0, N	• jedem Teil können mehrere Arbeitspläne zugeordnet sein • jeder Arbeitsplan muß einem Teil zugeordnet sein
Teile – Simulationsdatensatz	1 – 0, N	• jedem Teil können beliebig viele Simulationsdatensätze zugeordnet sein • jeder Simulationsdatens. muß einem Teil zugeordnet sein
Arbeitsplan – AVO–Parametersatz	1 – 1, N	• jeder Arbeitsplan verfügt über mindestens einen AVO–Parametersatz • jeder AVO–Parametersatz kann nur einem Arbeitsvorgang zugeordnet werden
AVO–Parametersatz – Basiseinheit	1, N – 1, N	• jedem AVO–Parametersatz können beliebig viele Basiseinheiten zugeordnet werden, jedem AVO–Parameter kann jedoch nur eine Basiseinheit zugeordnet sein • jeder Basiseinheit können beliebig viele AVO–Parameter oder Qualitätsmerkmale zugeordnet sein
Qualitätsmerkmalsatz – Basiseinheit	1, N – 1, N	• jedem Qualitätsmerkmalsatz können beliebig viele Basiseinheiten zugeordnet werden, jedem Qualitätsmerkmal kann jedoch nur eine Basiseinheit zugeordnet sein • jeder Basiseinheit können beliebig viele Qualitätsmerkmale oder AVO–Parameter zugeordnet sein
Erzeugnisvariante – Teile	1, N – 1	• jedes Teil kann beliebig vielen Erzeugnisvarianten zugeordnet sein • jeder Erzeugnisvariante muß ein Teil und somit ein Erzeugnis zugeordnet sein
Sequenz – Erzeugnisvariante	1, N – 1, N	• jeder Sequenz muß mindestens eine Erzeugnisvariante zugeordnet sein • jede Erzeugnisvariante kann beliebig vielen Simulationssequenzen zugeordnet sein

Abb. 4.3: Beziehungen der Objekte des Informationsmodells

a) Teil

Das Teil ist die Basis aller Erzeugnisse in einem Produktionssystem. Alle Erzeugnisse unterschiedlicher Produktionsstufen sind Teile. Eine Unterscheidung erfolgt durch das Attribut *Teileart*, welches nach Werkstoff, Einzelteil, Baugruppe oder Enderzeugnis unterscheidet. Weiterhin wird die *Beschaffungsart* vermerkt sowie der *Teilestatus*, der Auskunft gibt, ob sich das Teil in der Entwicklung, im Versuch, aktiv oder inaktiv, d.h. in der Produktion oder nicht in der Produktion befindet.

Um ein Teil vollständig und unmißverständlich zu definieren, sind außer der *Identnummer* und der *Teilebezeichnung* zusätzliche Informationen erforderlich. Diese sind dem Teil direkt zugeordnet. Je nach Produktionsstufe sind nicht immer alle Zusatzinformationen erforderlich. Sind dem Teil weitere Strukturen unterlagert, so muß eine *Stückliste* darüber Aufschluß geben. Der *Qualitätsmerkmalsatz* ist immer vorhanden und gibt über alle qualitätsrelevanten Merkmale Auskunft. Einer oder ggf. mehrere *Arbeitspläne* sind nur dann erforderlich, wenn es sich nicht um ein Kaufteil handelt. Ein *Simulationsdatensatz* ist nur vorhanden, wenn das Teil mindestens einmal einer Simulation unterzogen wurde. Die Attribute des Objekts "Teil" sind in Abb. 4.4 dargestellt.

Attribut	Bezeichnung	Beschreibung	Funktion	Typ
Teil–ID	Teile.Teil–ID	Die Teil–ID wird bei der erstmaligen Erfassung eines Teiles vergeben. Das verwendete Nummernsystem kann gemäß innerbetriebl. Anforderungen festgelegt werden.	Identifikation des Teils	Identnummer
Teil–Bezeichnung	Teile.Teil–Bezeichnung	Die Teil–Bezeichnung gibt in Stichworten Aufschluß über Art und Verwendung des Teils.	Bezeichnung des Teils	Bezeichnung
Sückliste–ID	Teile.Stückliste	Gibt die Stücklisten–Identnr. der dem Teil zugeordneten Stückliste wieder.	Referenz zur zugeordneten Stückliste	Identnummer
Qualitätsmerkmalsatz–ID	Teile.Q–Merkmalsatz–ID	Gibt die Identnr. des Qualitätsmerkmalsatzes wieder, der dem Teil zugeordnet ist.	Referenz zum Qualitätsmerkmalsatz	Identnummer
Arbeitsplan–ID	Teile.Arbeitsplan–ID	Gibt die Identnummern der Arbeitspläne wieder, die zu diesem Teil existieren.	Referenz zum Arbeitsplan	Identnummer
Simulationsdatensatz–ID	Teile.Simulationsdatensatz–ID	Gibt die Identnummern der Simulationsdatensätze wieder, die zu diesem Teil existieren.	Ref. zum teilespezif. Simulationsdatensatz	Identnummer
Teileart	Teile.Teileart	Die Teileart gibt an, ob es sich bei dem Teil um eine Baugruppe, ein Einzelteil oder einen Werkstoff handelt.	Identifizierung der Teileart	Teileart
Teilestatus	Teile.Teilestatus	Durch den Teilestatus wird beschrieben, welchen Status im Produktionsprozeß ein Teil besitzt, z.B. aktiv, inaktiv, Entwicklung, Versuch.	Referenz zu den Produktions–Planungsunterlagen des Anwenders	Teilestatus
Beschaffungsart	Teile.Beschaffungsart	In Beschaffungsart kann der Anwender beliebige Angaben zur Herkunft des Teiles machen.	Ref. zu Produktionsplanungsunterlagen des Anwenders	Beschaffungsart
Zeichnungsnummer	Teile.Zeichnungsnummer	Die Zeichnungsnummer referenziert zur Zeichnung des Teils. Das verwendete Nummernsystem kann vom Anwender gemäß betriebl. Anforderungen frei festgelegt werden.	Referenz zur Zeichnung des Teils	Identnummer

Abb. 4.4: Attribute des Objekts "Teil"

Servicebezeichnung	Beschreibung
Generieren	Generieren eines neuen Datensatzes oder Objekts
Löschen	Prüfung der Identnummer, wenn Identnummer korrekt, dann löschen, Ergebnis zurückliefern
Zugriff	Prüfen der Identnummer, prüfen, ob Zugriff im momentanen Status möglich ist, wenn Zugriffstatus "schreiben", dann prüfe, ob Attribute im Wertebereich, wenn alles korrekt, dann führe Zugriff durch

Abb. 4.5: Services des Informationsmodells

Die Kommunikation der Objekte untereinander erfolgt durch das Zusenden von Nachrichten ("Messages") in denen die oben erläuterten "Services" aufgerufen werden. Die Ansteuerung eines Service erfolgt durch Versenden einer Nachricht in folgender Notation:

Sende <Objektbezeichner> . <Servicebezeichner>

Die in Abb. 4.5 aufgeführten impliziten Services sind allgemeingültig, d.h. sie werden auch von allen anderen Objekten des Informationsmodells verwendet. Abb. 4.6 stellt das Zusammenwirken der Services mit den Attributen des Objekts "Teil" dar.

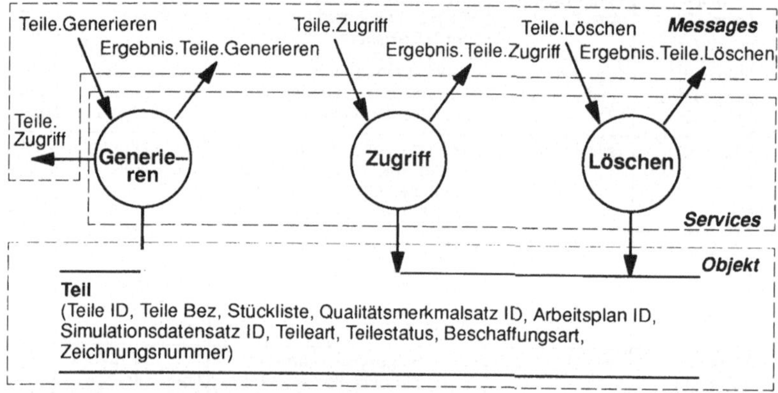

Abb. 4.6: Datenfluß des Objekts "Teil"

<u>b) Stückliste</u>

Bei der hier verwendeten Form der Stückliste handelt es sich um eine Baukastenstückliste. Sie enthält nur die einem Teil direkt zugeordneten Baugruppen, Einzelteile oder Werkstoffe. Die gesamte Erzeugnisstruktur wird über einen Baukasten von Stücklisten abgebildet, welche auf die jeweils nächst tiefere Struktur des Erzeugnisses verweisen.

<u>c) Qualitätsmerkmalsatz</u>

Der Qualitätsmerkmalsatz beinhaltet alle ein Teil definierende Qualitätsmerkmale. Die allgemeingültigen Eigenschaften eines Qualitätsmerkmals sind über eine jedem Qualitätsmerkmal zugeordnete *Basiseinheit* definiert, die auch für Arbeitsvorgangsparameter Verwendung findet.

Durch die Definition von Basiseinheiten wird das Prüfen der Qualitätsmerkmale beim Auffinden einer Qualitätsbeziehung erleichtert. Zur Erleichterung und Beschleunigung der Simulation wird immer auch der letzte simulierte Wert des Qualitätsmerkmals mitgeführt. Dieser findet wieder Eingang in andere Qualitätsbeziehungen, ggf. auch als Qualitätsmerkmal–Eingang in anderen Teilen (vgl. Abschnitt 4.2.3). Jedem Teil, ob Werkstoff, Einzelteil, Baugruppe oder Erzeugnis ist ein Satz von Qualitätsmerkmalen zugeordnet. Dies bedeutet, daß jedes in einem Produktionssystem in Umlauf befindliche Teil erfaßt werden muß, um eine qualifizierte Aussage über die Qualitätsveränderungen treffen zu können.

Mit Hilfe des Qualitätsmerkmalsatz ist jede Art von Qualitätsmerkmal auf einfache Weise abbildbar, während z.B. mit Hilfe von STEP (im Partialmodell "Torerancing Model" [Grabowski89]) gegenwärtig nur die Darstellung von Geometriemerkmale möglich ist. Der Qualitätsmerkmalsatz entspricht in seiner Flexibilität im wesentlichen der Abbildung des sogenannten "erweiterten Merkmalsbegriffs" im Schnittstellenkonzept QDES [Pfeifer91].

d) Arbeitsplan

Beim Arbeitsplan handelt es sich um einen auftragsneutralen Arbeitsplan, der den Arbeitsvorgängen die *Arbeitsplätze* und die eingesetzten *Betriebsmittel* zuordnet (siehe Abschnitt 4.3.2). Die Parameter des Arbeitsvorgangs werden im *Arbeitsvorgangs–Parametersatz* aufgeführt, der jedem Arbeitsvorgang zugewiesen ist. Da die Erzeugnisstruktur baumartig aufgebaut ist, ergibt sich, daß jedem Teil im Fertigungsstufenbaum ein Arbeitsplan zugeordnet werden kann. Um die Verbindung zu untergeordneten Strukturen im Fertigungsstufenbaum herzustellen, ist das Mitführen der *Eingangsteil–ID*, der *Q–Merkmal–Eingang–ID* und ggf. der *Q–Merkmalsgruppe–Eingang* erforderlich.

e) Simulationsdatensatz

Der Simulationsdatensatz enthält alle Informationen, die bei der Simulation eines Teils einer spezifischen Erzeugnisvariante mit einem bestimmten Arbeitsplan gesammelt werden. Bei der Simulation des Teils werden für jeden Arbeitsvorgang, bei dem eine Veränderung der Qualität erfolgt, alle relevanten Informationen festgehalten. Durch das Festhalten der *Sequenz–ID*, der *Erzeugnisvariante–ID* und der *Arbeitsplan–ID* ist eine eindeutige Zuordnung des Datensatzes möglich. Ferner wird über die *Q–Beziehung–ID* die Ursache der Veränderung nachvollziehbar, indem auf die zu jeder Qualitätsbeziehung gespeicherten Informationen zugegriffen werden kann. Dies ergibt eine lückenlose Dokumentation des Qualitiätsverlaufes während der Simulation.

f) Arbeitsvorgangs–Parametersatz

Der *Arbeitsvorgangs–Parametersatz* ist jeweils einem Arbeitsvorgang zugeordnet (siehe Kap. 4.2). Er beinhaltet die Parameter, die erforderlich sind, um einen Arbeitsvorgang durchzuführen sowie Parameter, die auf den Arbeitsvorgang einwirken. Um die Identifikation beim Prüfen nach dem Auffinden einer Qualitätsbeziehung zu erleichtern, werden die spezifischen Merkmale eines Parameters in einer *Basiseinheit* abgelegt. Diese Basiseinheiten finden auch für die Qualitätsmerkmale Verwendung. Somit muß lediglich die Übereinstimmung der Basiseinheit–ID untersucht werden, um eine Übereinstimmung zu prüfen.

g) Basiseinheit

Als Basiseinheit werden alle die Eigenschaften abgelegt, die ein Qualitätsmerkmal oder einen Arbeitsvorgangs–Parameter eindeutig beschreiben. Alle in ihren Eigenschaften gleichen Merkmale und Parameter nehmen somit Bezug auf die selbe Basiseinheit. Wird beim Simulationsvorgang durch die Qualitätsbeziehung geprüft, ob ein Ergebnis–Qualitätsmerkmal, ein Eingangsqualitätsmerkmal oder ein AVO–Parameter vorhanden und geeignet ist, so beschränkt sich dies darauf, die Basiseinheit–ID auf Übereinstimmung zu prüfen.

h) Erzeugnisvariante

Die Erzeugnisvariante beinhaltet alle zum Simulationslauf eines Erzeugnisses erforderlichen Daten. In ihr sind alle Teile des Erzeugnisses nach Produktionsebenen aufsteigend sortiert aufgeführt. Ferner enthält die Erzeugnisvariante zur Simulation erforderliche Daten eines jeden Teils, den *Status*, der entscheidet, ob das spezifische Teil simuliert werden soll sowie Informationen über den Arbeitsplan, der bei der Simulation verwendet werden soll. Hierdurch ist es möglich, einem Teil einen spezifischen Arbeitsplan zuzuordnen um die Auswirkung verschiedener Arbeitsvorgangsparameter und Betriebsmittel zu prüfen. Sollen zur Simulation Daten Verwendung finden, die aus alten Simulationsläufen stammen, so ist eine *Simulationsdatensatz–ID* anzugeben. Wird das Teil simuliert, so erzeugt das System einen neuen Simulationsdatensatz.

i) Sequenz

Das Objekt Sequenz beinhaltet die Abfolge von Erzeugnisvarianten, die bei einem Simulationslauf abgearbeitet werden sollen. Durch die Erstellung einer Sequenz ist es möglich, verschiedene Varianten eines oder mehrerer Erzeugnisse in frei wählbarer Abfolge zu simulieren. Hierbei ist jedoch zu beachten, daß für jedes Teil und jede Variante eines Teils eine gesonderte Erzeugnisvariante vorhanden sein muß.

4.2 Beschreibung qualitätsrelevanter Eigenschaften von Fertigungsprozessen im Informationsmodell

Für die Beschreibung der qualitätsrelevanten Eigenschaften von Fertigungsprozessen ist zu fordern, daß die Prozeßmodelle den realen Betriebsmitteln (und somit auch den im Informationsmodell abgebildeten) und den realen Einflußgrößen des Prozesses auf die Produktqualität eindeutig zugeordnet werden können. Weiterhin muß das Prozeßmodell einen eindeutigen Zusammenhang zwischen der Qualitätslage des Produkts vor und nach der Beeinflussung durch den Prozeß herstellen können [Ziegler92]. Unter "Fertigungsprozeß" wird in diesem Zusammenhang ein einzelner Bearbeitungsschritt verstanden.

In den folgenden Kapiteln werden zunächst existierende Ansätze zur Modellierung von Bearbeitungs– und Handhabungsprozessen auf Anwendbarkeit hinsichtlich der vorliegenden Problematik untersucht. Es folgt eine Analyse der Struktur von Prozessen in Zusammenhang mit der Struktur des Produktionssystems sowie eine Analyse der einflußnehmenden Parameter der Prozesse, die in der Terminologie der Arbeitsvorbereitung im weiteren als *Arbeitsvorgänge* bezeichnet werden. Arbeitsvorgänge sind diejenigen Tätigkeiten, bei denen durch äußere Einwirkung eine Veränderung des Ausgangszustandes eines Werkstücks erreicht wird. Anschließend wird eine Beschreibungsweise der durch diese Parameter hervorgerufenen Qualitätsveränderung am Produkt während des Ablaufs eines Prozesses entwickelt.

Die Ergebnisse der Analysen werden abschließend mittels der bereits für das Produktmodell verwendeten Verfahren unter Berücksichtigung relevanter existierender Modellierungsansätze in eine objektorientierte Spezifikation des Prozeßmodells überführt.

4.2.1 Existierende Modellierungsansätze für Bearbeitungsprozesse

Modelle von Bearbeitungs– und Handhabungsprozessen bilden die Grundlage von Simulationsinstrumenten zu deren Planung. Ihr Einsatzzweck läßt sich in die Kategorien Off–Line Programmierung von Werkzeugmaschinen [Narang93, Drabble93] und Robotern [Herkommer93, Neugebauer93, Volz93] einteilen. Die Zielsetzungen reichen dabei von der Überprüfung und Optimierung von NC–Programmen z.B. hinsichtlich Syntax oder Kollision [Schade90] über die Optimierung von Prozeßführungs– und Regelungsstrategien [Aye92] bis zum Training von Bedienpersonal [Schuler89].

Bearbeitungs– und Handhabungsprozesse werden für diese Modelle der Klasse der kontinuierlichen Systeme zugeordnet, da bei der Untersuchung etwa ihres regelungstechnischen Verhaltens der Verlauf ihrer Zustandsänderungen in Abhängigkeit von der Zeit von Interesse ist [Möller92]. Zur Abbildung kontinuierlicher Systeme bei der Simulation kommen überwiegend mathematische Funktionsmodelle (z.B. Approximationen oder Interpolationen von Funktionen) und Differentialgleichungssysteme zum Einsatz [Schulz86], zu deren detaillierter Beschreibung auf die einschlägige Fachliteratur verwiesen sei (z.B. [Isermann92]). Obwohl mit diesen Modellen durchaus qualitätsrelevante Aspekte von Prozessen untersucht werden können (siehe z.B. [Estrop92]), sind sie prinzipbedingt zu sehr auf die Betrachtung des jeweiligen Prozesses (und dort zum Teil auf eng eingegrenzte Problemstellungen) spezialisiert um für die vorliegende Problematik der Betrachtung flexibler Prozesse und deren Kombinationen geeignet zu sein [Wunderlich93].

Der Übergang zu Modellierungstechniken aus dem Bereich der Expertensysteme verläuft bei kontinuierlichen Prozeßmodellen fließend. Es existieren vielversprechende konzeptionelle Ansätze zur Kombination von wissensbasierten Systemen und Simulationssystemen oder auch zu deren Integration [Hartberger91, Mertens89, Wang93]. Erste Implementierungen liegen ebenfalls vor, es handelt sich hierbei jedoch bislang um ausschließlich experimentelle Simulations– bzw. Expertensystemumgebungen [Haddock90, Krauth93]. Im Rahmen der vorliegenden Problematik ist jedoch abschätzbar, daß die erforderlichen wissensbasierten Systeme für eine allgemeingültige Betrachtung unterschiedlicher Arten von Prozessen bezüglich verschiedener Qualitätsmerkmale äußerst umfangreich und somit kaum mehr handhabbar wären.

Zusammenfassend ist festzustellen, daß die existierenden Lösungsansätze jeweils für sich nicht ausreichend für die flexible Modellierung qualitätsrelevanten Prozeßverhaltens sind. Es ist jedoch ersichtlich, daß die Möglichkeit, in einem Prozeßmodell alternativ oder kombiniert funktions–, regel– und wissensorientierte Ansätze anzuwenden, die erforderliche universelle Anwendbarkeit gewährleistet.

4.2.2 Analyse der Struktur von Fertigungsprozessen

Der eigentliche Fertigungsprozeß kann an verschiedenen Arbeitsplätzen mit unterschiedlichen Betriebsmitteln erfolgen (Abb. 4.7). Hierbei wird der mittels eines Betriebsmittels durchgeführte Fertigungsprozeß in einzelne Arbeitsvorgänge zerlegt. Jeder Arbeitsvorgang ist einem Betriebsmittel zuordenbar. Es kann in mittelbare und unmittelbare Arbeitsvorgänge unterschieden werden [Eversheim89]:

Als mittelbare Arbeitsvorgänge sollen hier alle diejenigen äußerlichen Einwirkungen angesehen werden, die nicht bewußt eine Veränderung des Ausgangszustandes herbeiführen. Mittelbare Arbeitsvorgänge sind beispielsweise die Einwirkung von Umwelt– und Umgebungseinflüssen. Dies sind somit alle Arbeitsvorgänge, die nicht in einem konventionellen Arbeitsplan aufgeführt werden und vorhersehbar, aber nicht geplant sind, zum Beispiel die Einwirkung von Luftfeuchtigkeit.

Als unmittelbare Arbeitsvorgänge werden alle Arbeitsvorgänge angesehen, die zielgerichtet eine Veränderung des Ausgangszustandes herbeiführen sollen. Dies sind alle Arbeitsvorgänge, die in einem konventionellen Arbeitsplan aufgeführt werden.

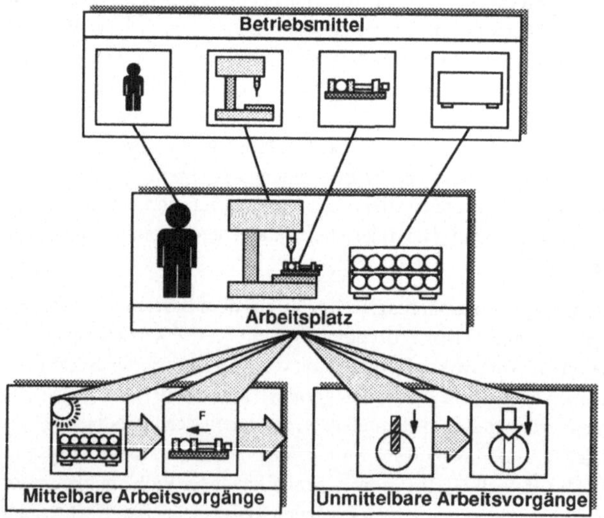

Abb. 4.7: Struktur des Fertigungsprozesses

Die Abbildung der Prozeßstruktur erfolgt in der Realität – zumindest bezogen auf die unmittelbaren Arbeitsvorgänge – im Arbeitsplan. Zu dessen Abbildung im Informationsmodell muß gemäß der für das Produktmodell getroffenen Vereinbarungen berücksichtigt werden, daß für alle Grundelemente (Rohstoff, Einzelteil, Baugruppe oder Erzeugnis – vgl. Kap. 4.1) ein gesonderter Arbeitsplan existieren muß.

Die Parameter eines Arbeitsvorgangs sind quantifizierbare Merkmale, die einen Arbeitsvorgang beeinflussen (z.B. Vorschub und Schnittgeschwindigkeit bei spanenden Bearbeitungsvorgängen). Sie können wie die Qualitätsmerkmale nach Stetigkeit, Skalierung, Zeitverhalten und erzeugendem Prozeß klassifiziert werden (vgl. Kap. 2.1.1).

Entsprechend dieser Analogie werden Arbeitsvorgangsparameter im Arbeitsvorgangs–parametersatz abgebildet, der prinzipiell dem Aufbau des Qualitätsmerkmalsatzes entspricht (siehe Kap. 4.1.3).

4.2.3 Beschreibung der Qualitätsveränderung

Eine Qualitätsveränderung in einem Produktionssystem ist immer dann gegeben, wenn sich der Ausgangszustand eines Produktes verändert. Diese Veränderung des Ausgangszustandes tritt auf, wenn eine Einwirkung von außen auf das Werkstück eintritt. Dies ist – wenn die oben getroffene Vereinbarung über mittelbare und unmittelbare Arbeitsvorgänge angewendet wird – immer gleichbedeutend mit einem Arbeitsvorgang. Somit kann festgehalten werden, daß eine Veränderung der Qualität nur durch einen mittelbaren oder unmittelbaren Arbeitsvorgang hervorgerufen werden kann.

Die Einflüsse auf die Qualität werden in der ”klassischen” Qualitätslehre in die ”5 M's” unterteilt [Masing88]:

- Mensch (Einfluß des Bedienungspersonals)

- Material (Einfluß des Werkstoffs)

- Methode (Einfluß des Prozesses)

- Maschine (Einfluß des Betriebsmittels)

- Mitwelt (Einfluß der Umgebungsbedingungen)

Die Verarbeitung dieser Einflußfaktoren soll in den Qualitätsbeziehungen erfolgen.

Eine Qualitätsbeziehung beschreibt die Veränderung der Qualitätslage eines Teils von der Eingangsqualitätslage zur zu erwartenden Qualitätlage während des Ablaufs eines Prozesses, unter Einwirkung von Arbeitsvorgangsparametern. Eingang in eine Qualitätsbeziehung finden jeweils die Qualitätsmerkmale des in der Erzeugnisstruktur untergeordneten Teils, d.h. die Qualitätsmerkmale des Werkstoffs bei der Produktion eines Einzelteils, oder die Qualitätsmerkmale eines Bestandteils bei einer Baugruppe.

$$Q_{erwartet} = f\,(AVO\text{–}Parameter,\ Q_{Eingang})$$

Arbeitsvorgangs–Parameter sind alle quantifizierbaren Einflüsse, mit deren Hilfe eine Veränderung der Eingangsqualitätslage herbeigeführt werden kann.

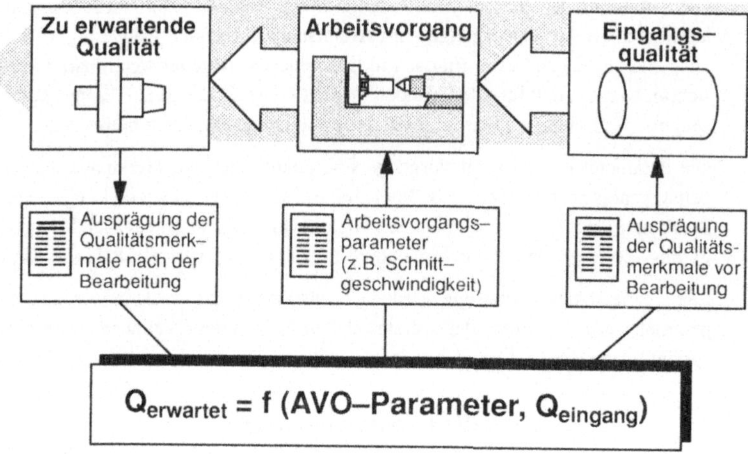

$$Q_{erwartet} = f\,(AVO\text{--}Parameter,\ Q_{eingang})$$

Abb. 4.8: Qualitätsveränderung während eines Arbeitsvorgangs

Die oben aufgeführten Einflüsse auf die Qualität müssen in drei Schritten aufbereitet werden um eine Simulation zu ermöglichen.

- Formulieren einer Qualitätsbeziehung:
  Um eine Veränderung der Qualitätslage durch den Simulator zu ermöglichen, ist es erforderlich eine Beziehung zwischen Eingangsqualitätslage, Arbeitsvorgangspara- metern und erwarteter Qualitätslage herzustellen, die von einem Rechner verarbeitet werden kann. Die Formulierung dieser Qualitätsbeziehung kann durch die drei an- schließend näher erläuterten Beschreibungsformen Funktion, Regel und Tabelle er- folgen. Ist eine Qualitätsbeziehung gefunden, so kann mit deren Hilfe ein Arbeitsvor- gang und somit eine Veränderung der Qualität nachempfunden werden. In Abschnitt 3 wurde eine Vorgehensweise zur praktischen Ermittlung einer funktionalen Quali- tätsbeziehung erläutert.

- Identifikation der einflußnehmenden Parameter:
  Für die erhaltene Qualitätsbeziehung müssen nun alle einflußnehmenden Parameter ermittelt und definiert werden, welche die Qualitätsveränderung herbeiführen. Diese Parameter werden als Arbeitsvorgangsparameter bezeichnet und gemäß Kapitel 4.2.2 definiert (zur Ermittlung der einflußnehmenden Parameter auf der Basis stati- stischer Daten siehe Kap. 3).

- Ermitteln der Eingangsqualität:
  Als Eingangsqualität werden alle diejenigen Qualitätsmerkmale bezeichnet, welche die Qualitätslage eines Teils vor einem Arbeitsvorgang, d.h. vor einer Qualitätsve- ränderung, beschreiben. Dies sind immer die Qualitätsmerkmale des in der Erzeu- gnisstruktur untergeordneten Teils; bei Einzelteilen die des Werkstoffs, bei Baugrup- pen die der Bestandteile, wenn es sich um den ersten Arbeitsvorgang einer

Fertigungsstufe handelt. Ist dies nicht der Fall, so wird der Erwartungswert des vorhergehenden Arbeitsvorgangs verwendet.

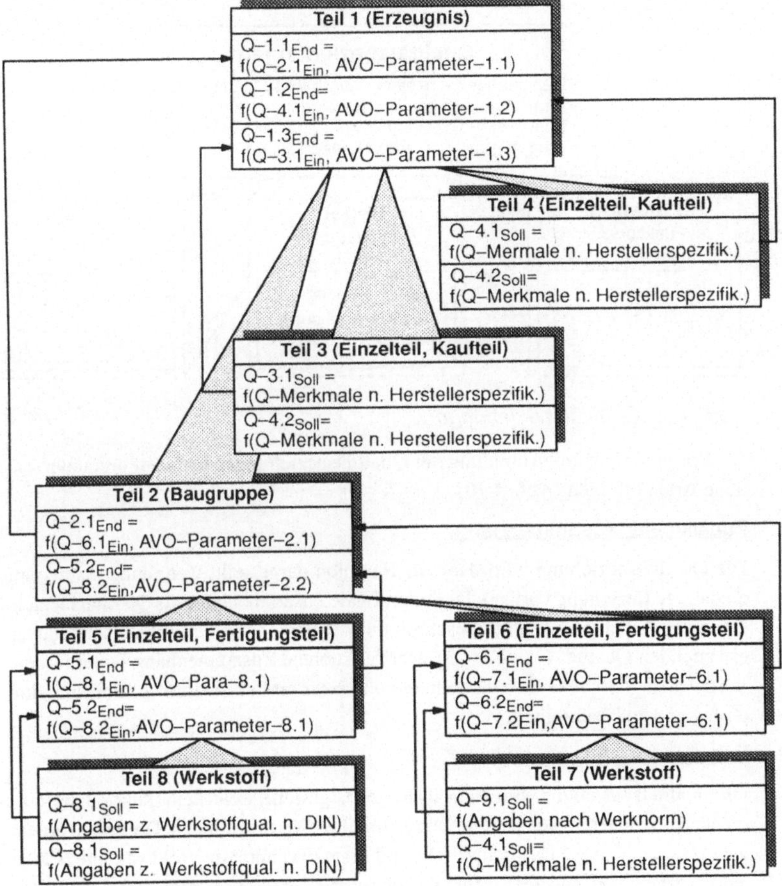

Abb. 4.9: Struktur der Qualität im Produkt

Abb. 4.8 veranschaulicht die Qualitätsveränderung bei einem Arbeitsvorgang im Produktionssystem. Bei Veränderung der Qualität während eines Arbeitsvorgangs wird immer von einer Eingangsqualität ausgegangen, welche der zu erwartenden Qualitätslage eines untergeordneten Teils entspricht. Abb. 4.9 stellt die Wechselwirkungen von Qualitätsveränderungen zwischen verschiedenen Teilen dar. Hierbei werden die Informationsflüsse, d.h. die Flüsse der Qualitätsdaten, von untergeordneten zu übergeordneten Teilen durch Pfeile symbolisiert. Es wird somit deutlich, daß die Veränderung eines Qualitätsmerkmals in einem untergeordneten Teil immer auch Auswirkungen auf die Qualitätsmerkmale des aktuellen Teils haben kann.

Die vorstehenden Erläuterungen sind auf das Informationsmodell bezogen. Eine detaillierte Beschreibung erforderlicher Arbeiten zur Ermittlung von Qualitätsbeziehungen und ihrer Parameter aus realen Vorgaben erfolgte in Abschnitt 3.

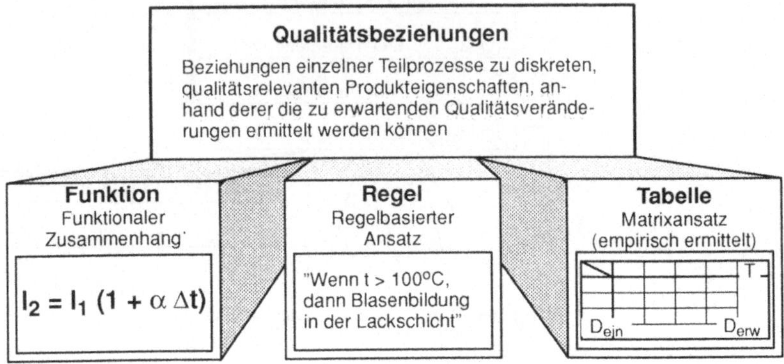

$$I_2 = I_1 (1 + \alpha \, \Delta t)$$

Abb. 4.10: Qualitätsbeziehungen

Die Formulierung und Abbildung der Qualitätsbeziehungen kann auf drei unterschiedliche Arten erfolgen (Abb. 4.10).

<u>Funktionaler Zusammenhang:</u>

Die Qualitätsbeziehung wird dann als Funktion dargestellt, wenn eine mathematisch eindeutige Beziehung vorliegt. Der funktionale Zusammenhang als Qualitätsbeziehung erlaubt immer eine eindeutige Beschreibung der Beziehung der Eingangsqualität zur zu erwartenden Qualität (vgl. Kap. 3). Der funktionale Zusammenhang bietet ferner den Vorteil auch komplexe Zusammenhänge mit einer großen Anzahl von Einflußfaktoren umfassend zu beschreiben.

<u>Regel:</u>

Die Qualitätsbeziehung wird dann als Regel dargestellt, wenn kein funktionaler Zusammenhang besteht und keine empirisch ermittelten Werte vorliegen. Dies ist erforderlich, wenn bislang keine wissenschaftlich fundierten Erkenntnisse vorliegen, die Erfahrung jedoch gezeigt hat, daß der Einfluß verschiedener Faktoren eine Veränderung der Qualität herbeiführt. Hier ermöglicht die Beziehungsregel die Formulierung einer Qualitätsbeziehung, basierend auf dem Erfahrungswissen menschlicher Experten. Ein weiterer Einsatz für den regelbasierten Ansatz ist dann gegeben, wenn die Aufstellung einer Funktionsbeziehung zu aufwendig erscheint und nur eine qualitative Beurteilung erfolgen soll.

<u>Tabelle:</u>

Die Tabelle als Form der Darstellung wird dann gewählt, wenn eine Regel nicht formuliert werden kann und kein funktionaler Zusammenhang besteht. Dies ist immer dann der Fall, wenn meist umfangreiche Versuche zwar einen Zusammenhang zwischen verschiedenen Einflüssen erkennen lassen, aber dieser nicht eindeutig formulierbar ist.

Diese empirisch ermittelten Werte werden in tabellarischer Form aufgenommen. Es ist zu beachten, daß die Randbedingungen des Entstehens dokumentiert sind und eine eindeutige Zuordnung der Werte gewährleistet ist. Die Werte können sowohl aus Versuchen als auch aus der Ergebnisdokumentation bestehender Anlagen gewonnen werden.

4.2.4 Spezifikation des Prozeßmodells

Zur Spezifikation des Prozeßmodells erfolgt eine objektorientierte Darstellung der Struktur der vier Objekte Arbeitsvorgangssatz, Qualitätsbeziehung Funktion, Qualitätsbeziehung Regel und Qualitätsbeziehung Tabelle in Abb. 4.11. Die Prozesse sind jeweils Elementen des Produktionssystems zugeordnet (Abschnitt 4.3). Die Relationen zwischen Prozeß– und Produktionssystemmodell sind Abb. 4.16 zu entnehmen.

Die einzelnen Objekte werden in den folgenden Abschnitten erläutert, ihre Abhängigkeitsbeziehungen sind in Abb. 4.12 dargestellt.

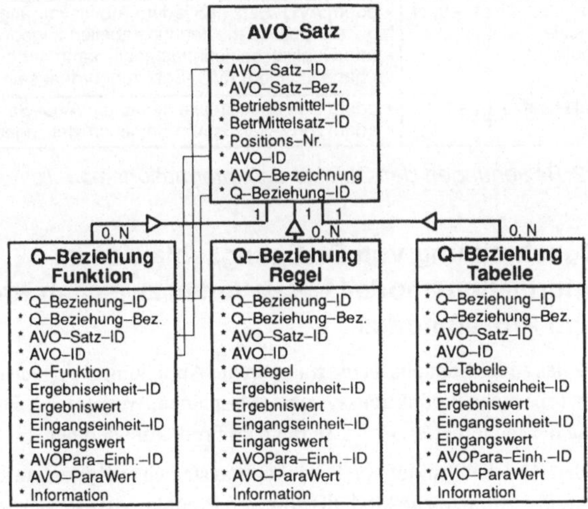

Abb. 4.11: Informationsmodell – Teilbereich Prozeß

a) Arbeitsvorgangssatz

Der Arbeitsvorgangssatz listet alle mit einem spezifischen Betriebsmittel durchführbaren Arbeitsvorgänge auf. Jedem aufgeführten Arbeitsvorgang können ggf. beliebig viele Qualitätsbeziehungen zugeordnet werden, um den Einfluß des Betriebsmittels auf die Qualität des Erzeugnisses zu beschreiben (vgl. Abschnitt 4.3).

b) Qualitätsbeziehung Funktion, Regel, Tabelle

Die Qualitätsbeziehung Funktion beschreibt den funktionalen Zusammenhang einer Eingangsqualitätslage, die sich unter dem Einfluß von Arbeitsvorgangsparametern und Qualtitätslagen von Eingangsteilen verändert. Die Qualitätsbeziehung Regel beschreibt einen entsprechenden regelbasierten, die Qualitätsbeziehung Tabelle einen empirisch ermittelten Zusammenhang.

Durch die Angabe von Basiseinheiten (siehe Kap. 4.1.3) wird der Prüfvorgang erleichtert, bei welchem festgestellt werden muß, ob alle zur Bestimmung der Qualitätsveränderung erforderlichen Daten vorhanden sind und über das erforderliche Format verfügen. Um die Veränderung der Qualität nachvollziehen zu können, ist es möglich, Informationen zum Zustandekommen der Qualitätsbeziehung abzulegen.

Objekte des Informationsmodells	Beziehung	Beschreibung
AVO–Satz – Qualitätsbeziehung–Funktion	1 – 0, N	• jedem AVO–Satz und jedem Arbeitsvorgang können beliebig viele Qualitätsbeziehungsfunktionen zugeordnet sein • jede Qualitätsbeziehungsfunktion kann nur einem Arbeitsvorgang in einem AVO–Satz zugeordnet sein
AVO–Satz – Qualitätsbeziehung–Regel	1 – 0, N	• jedem AVO–Satz und jedem Arbeitsvorgang können beliebig viele Qualitätsbeziehungsregeln zugeordnet sein • jede Qualitätsbeziehungsregel kann nur einem Arbeitsvorgang in einem AVO–Satz zugeordnet sein
AVO–Satz – Qualitätsbeziehung–Tabelle	1 – 0, N	• jedem AVO–Satz und jedem Arbeitsvorgang können beliebig viele Qualitätsbeziehungstabellen zugeordnet sein • jede Qualitätsbeziehungstabelle kann nur einem Arbeitsvorgang in einem AVO–Satz zugeordnet sein
Betriebsmittelsatz– AVO–Satz	1 –1	• jedem Betriebsmittel ist genau ein AVO–Satz zugeordnet • jedem AVO–Satz ist ein Betriebsmittel zugeordnet

Abb. 4.12: Beziehungen der Objekte des Informationsmodells

4.3 Beschreibung von Fertigungsabläufen im Informationsmodell – Relationen zwischen Produkt– und Prozeßmodell

Der Zweck des Ablaufmodells ist die transparente Abbildung der realen qualitätsbeeinflussenden Teile eines Produktionssystems (Maschinen, Werker etc.). Diese stellen die Verbindung der modellierten Prozesse mit dem Produktmodell her.

Im folgenden wird die Struktur von Produktionssystemen analysiert, anschließend werden existierende Ansätze zur Modellierung von Produktionssystemen vorgestellt. Die abschließende Spezifikation des ein Produktionssystem beschreibenden Teils des Informationsmodells erfolgt unter Einbeziehung der ermittelten Defizite bzw. unter Berücksichtigung der Kompatibilität mit entsprechenden praxisrelevanten Modellen.

4.3.1 Analyse der Struktur von Produktionssystemen

Die Aufgaben innerhalb eines Produktionssystems werden in der Produktionsplanung und –steuerung auf drei Ebenen verteilt [Warnecke93b]:

- Planungsebene

- Steuerungsebene

- Prozeßebene

Unabhängig von der Ebene im Produktionssystem kann eine Gliederung nach funktionalen Gesichtspunkten erfolgen:

- Transport

- Bearbeitung (Fertigung, Prozeß)

- Handhabung

- Speichern/Lagern

Die Struktur eines Produktionssystems kann auf allen Ebenen nach Ort und Mittel gegliedert werden. Es ergeben sich die Grundelemente Arbeitsplatz und Betriebsmittel:

Der Arbeitsplatz ist in diesem Zusammenhang der Ort, d.h. die geographische Lage, an dem sich Produktionseinrichtungen befinden. An einem Arbeitsplatz findet die Herstellung oder Verarbeitung von Erzeugnissen oder die Erbringung einer Dienstleistung statt [REFA75].

Betriebsmittel sind alle beweglichen und unbeweglichen Mittel, die der Leistungserbringung dienen. Als Betriebsmittel können alle nachfolgend aufgeführten Mittel angesehen werden:

- Ver- und Entsorgungsanlagen

- Maschinen und maschinelle Anlagen

- Werkzeuge und Vorrichtungen

- Transport- und Fördermittel

- Lagereinrichtungen

- Meß- und Prüfmittel

- Büro- und Geschäftsausstattungen

Gegenüber der etwa in [REFA75] gebräuchlichen Sichtweise werden hier auch Personen in die Kategorie "Betriebsmittel" eingeordnet, da der Einfluß des Faktors Mensch in der Fertigung auf die Produktqualität auf der hier vorliegenden Abstraktionsebene mit dem eines regulären Betriebsmittels vergleichbar ist.

4.3.2 Existierende Modellierungsansätze

Die oben geschilderte Zielsetzung wird auch im Rahmen der STEP–Entwicklung mit der Formulierung sogenannter "Integrated Resource Constructs" verfolgt [ISO10303]. Neben Einzelzielen wie der Identifikation und Spezifizierung der durch einen Prozeß benötigten Resssourcen geht der Blickwinkel allerdings erheblich über die hier zu beachtenden Aspekte hinaus. So soll mit diesem Teil der Norm z.B. auch die Relationen zwischen Prozessen sowie deren Effektivität spezifiziert werden. Dies ist durch die Konzentration aller nicht direkt produktbezogenen Aspekte in diesem Teil der eigentlich ausschließlich der Produktmodellierung dienenden Norm zu erklären, wodurch die Detaillierungstiefe naturgemäß nicht sehr groß sein kann. Die die Produktqualität beeinflussenden Merkmale eines Prozesses werden nicht explizit abgebildet.

Ziel des Einsatzes der Simulationstechnik in der Planung von Materialflußsystemen ist die Optimierung hinsichtlich der Leistungsmerkmale Personalbedarf, Durchsatz, Reaktionsschnelligkeit, Kapitalbindung und Flexibilität [Bader93]. Zu diesem Zweck werden bei der materialflußorientieren Simulation alle logistisch relevanten Elemente eines Fertigungssystems abgebildet [VDI3633]. Dies umfaßt bewegliche Elemente (Transportmittel, Transporthilfsmittel, Transportgüter, Werkzeuge usw.), stationäre Elemente (Arbeitsstationen, Puffer, Lager, Roboter usw.) und übergreifende Elemente (Betriebsstrategien, Arbeitspläne, Personaleinsatzpläne, Störungen usw.) [Noche91, Gangl93].

Für die Materialflußsimulation ist das Zeitverhalten der zu simulierenden Systeme und somit der zugrundeliegenden Modelle entscheidend für die Abbildbarkeit logistischer Zusammenhänge [Pritsker86]. Nach [Möller92] können hinsichtlich des Zeitverhaltens die in Abb. 4.13 dargestellten Klassen unterschieden werden.

Auf oberster Ebene wird dabei in diskrete und kontinuierliche Systeme unterschieden: In diskreten Systemen treten Zustandsänderungen plötzlich und ohne Zusammenhang mit der Zeit auf. Kontinuierliche Systeme sind durch mittels stetiger Funktonen der Zeit beschreibbare Zustandsänderungen gekennzeichnet.

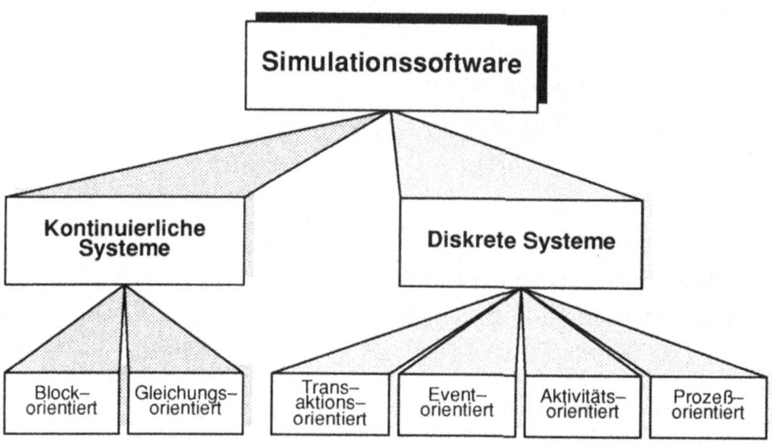

Abb. 4.13: Systemklassifikation nach dem Zeitverhalten (nach [Möller92])

Bei der Simulation von Materialflußsystemen interessieren vor allem einzelne Systemzustände wie etwa Verklemmungen ("Deadlocks") oder Pufferbelegungen [Koelsch92, Singh91]. Es erfolgt zwar im allgemeinen eine Betrachtung von Zeiten (z.B. Transportoder Bearbeitungszeiten), diese beeinflussen aber nicht die für die Systemklassifikation relevanten Zustandübergänge. Materialflußsysteme müssen also der Klasse der diskreten Systeme zugeordnet werden [Soliman87]. Diskrete Systeme lassen sich hinsichtlich ihrer Zeitsteuerung in folgende Kategorien untergliedern:

- Transaktionsorientierte Systeme: In diesen Systemen lösen die mobilen oder stationären Systemelemente Veränderungen aus. Die mobilen Systemeinheiten werden Transaktionen und die festen Stationen genannt [Schmidt78].

- Ereignisorientierte Systeme (eventorientierte Systeme): Zustandsänderungen können auch von außen (außerhalb der Systemgrenzen) einfließen [Schmidt78].

- Aktivitätsorientierte Systeme: Systeme, deren Ablauf erst dann aktiv wird, nachdem spezifizierte Bedingungen erfüllt sind [Möller92].

- Prozeßorientierte Systeme: Diese Systeme sind dadurch gekennzeichnet, daß jedes Systemelement direkt das nachfolgende Ereignis auslöst [Möller92].

Materialflußsysteme werden von mobilen Systemeinheiten wie z.B. Werkstücken und stationären Systemeinheiten wie etwa Bearbeitungsstationen geprägt und sind daher grundsätzlich den transaktionsorientierten Systemen zuzuordnen. Sollen im Zuge der Simulation auch äußere Einflüsse wie z.B. Störungen betrachtet werden, so besitzt das System zusätzliche ereignisorientierte Eigenschaften.

Zur Abbildung transaktions– und ereignisorientierter Systeme haben sich in der Praxis wegen ihrer vielfältigen Nutzbarkeit bei hoher Anschaulichkeit Graphenmodelle (z.B. Petrinetze [Reisig86]) durchgesetzt [Ben91, Möhrle89, Thome90]. Sie entstammen der Graphentheorie, einem Teilbereich des Operations Research. Graphenmodelle bauen auf einer grafischen Darstellung von Knoten und Kanten auf und können in Matrix– oder Listenform überführt werden. Diese sind mit mathematischen Algorithmen bearbeitbar [Domschke71]. Ausschließlich transaktionsorientierte Modelle lassen sich nur zur Abbildung von Zuweisungs– und Transportproblemen einsetzen [Heusler89]. Dies macht sie zur Modellierung kontinuierlicher Systemeigenschaften ungeeignet.

Zusammenfassend ist festzustellen, daß die Zielsetzung bei der Formulierung des Ablaufmodells hinsichtlich der Abbildung von stationären und mobilen Systemelementen mit der bei der Bildung von Materialflußmodellen vergleichbar ist. Diese sind jedoch ausschließlich auf die Untersuchung zeitlicher und kapazitätsorientierter Aspekte des Produktionssystems beschränkt und können nicht ohne weiteres um die Betrachtung des qualitätsrelevanten Verhaltens von Prozessen und Produkten erweitert werden [Law89].

4.3.3 Spezifikation des Informationsmodells

Die Beschreibung des Modells des Produktionssystems erfolgt analog der des Produktmodells. Es besteht aus folgenden Elementen:

- Arbeitsplatz

- Betriebsmittelsatz

- Arbeitsvorgang

- Qualitätsbeziehung (vgl. Kapitel 4.2)

Die Beschreibung der Fertigungsabläufe erfordert an dieser Stelle die Darstellung der Beziehungen zwischen den Partialmodellen und aller ihrer Einzelobjekte. Die Spezifikation des Informationsmodells für den Bereich Produktionssystem beschränkt sich im weiteren auf die Objekte Arbeitsplatz und Betriebsmittelsatz (Abb. 4.14).

Abb. 4.14: Informationsmodell, Teilbereich Produktionssystem

Das Objekt Arbeitsplatz beschreibt den Ort der Elemente eines Produktionssystems. Jedem Arbeitsplatz wird ein Satz von Betriebsmitteln zugeordnet. Er enthält alle Betriebsmittel, die an diesem Arbeitsplatz zur Verfügung stehen. Als Betriebsmittel werden alle Einrichtungen angesehen, die der Produktion dienen; im weitesten Sinne also auch Personal. Jedem Betriebsmittel sind die mit ihm durchführbaren Arbeitsvorgänge durch einen Arbeitsvorgangssatz zugewiesen.

Die Objekte Arbeitsvorgangssatz und Qualitätsbeziehung wurden im Rahmen der Spezifikation des prozeßbeschreibenden Teils des Informationsmodells erläutert (Kap. 4.1.3). Abb. 4.15 beschreibt die Abhängigkeitsbeziehungen der dargestellten Objekte.

Objekte des Informationsmodells	Beziehung	Beschreibung
Betriebsmittelsatz – AVO–Satz	1 –1	• jedem Betriebsmittel ist genau ein AVO–Satz zugeordnet • jedem AVO–Satz ist ein Betriebsmittel zugeordnet
Arbeitsplatz – Betriebsmittelsatz	1 – 1	• jedem Arbeitsplatz kann nur ein Betriebsmittelsatz zugeordnet werden • jeder Betriebsmittelsatz kann nur einem Arbeitsplatz zugeordnet werden

Abb. 4.15: Abhängigkeitsbeziehungen der Objekte des Informationsmodells

4.4 Darstellung des Informationsmodells im Gesamtzusammenhang

Das Gesamtmodell bietet die Möglichkeit, Produktionssysteme nahezu beliebiger Art arbeitsplatzorientiert abzubilden. Die universell anwendbare Struktur des Partialmodells "Produktionssystem" ermöglicht es, alle Ebenen eines Produktionssystems in einem Informationsmodell zu integrieren. Die flexible Beschreibungsweise der Qualitätsbeziehungen mittels funktionalem Zusammenhang, regelbasiertem Ansatz und empirisch ermittelter Tabelle erlaubt die Abbildung aller Formen qualitätsrelevanter Einflüsse beim Ablauf von Prozessen.

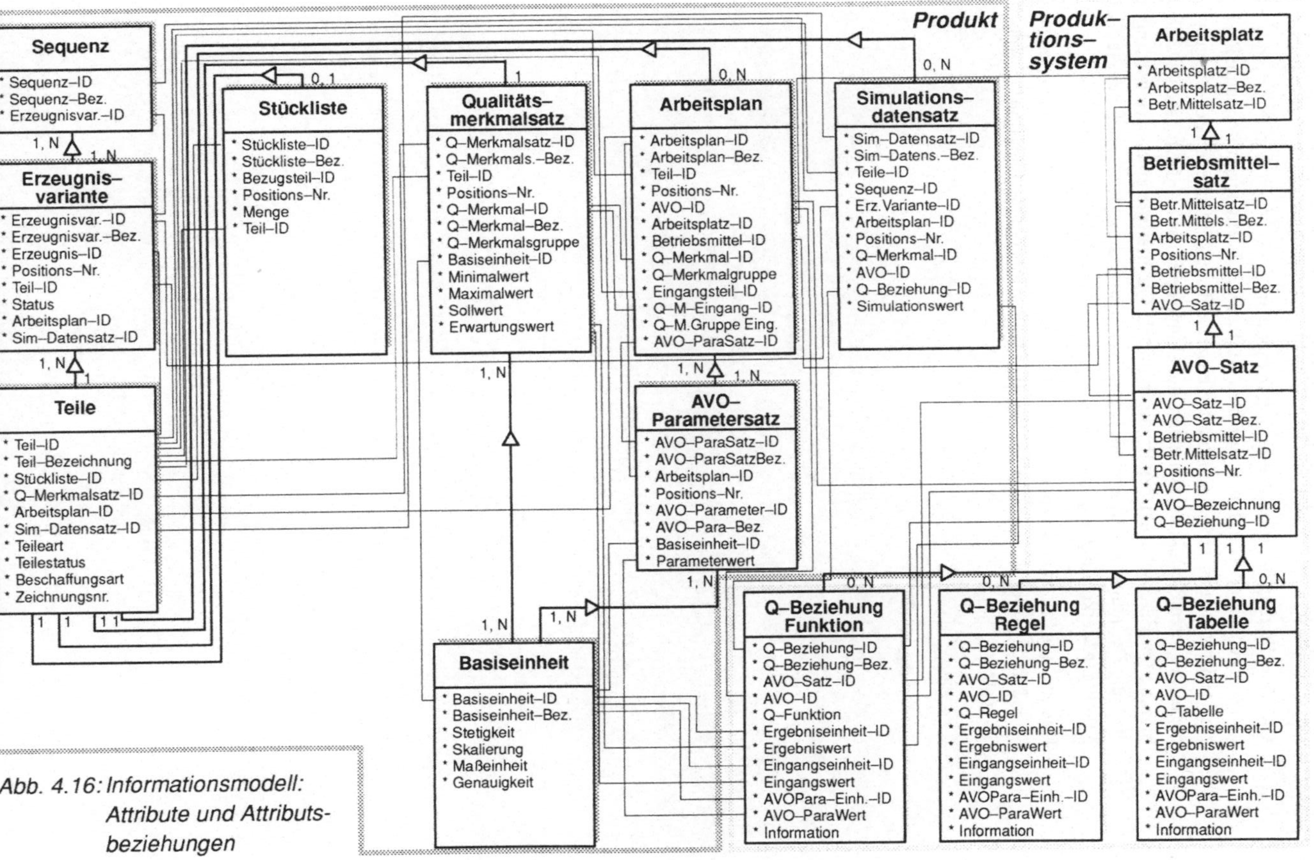

Abb. 4.16: Informationsmodell: Attribute und Attributs-beziehungen

Die Modellierung der Produkte erfolgt in modularer Form nach dem Prinzip des Fertigungsstufenbaums. Durch den flexiblen Aufbau von Fertigungsstufenbäumen als Erzeugnisvarianten ist gewährleistet, daß einzelne Teile (Einzelteile oder Baugruppen), die in mehreren Produkten erscheinen, nur einmal definiert werden müssen. Da die Abbildung der Eigenschaften des Produkts mittels Qualitätsmerkmalssätzen erfolgt und die freie Definition von Basiseinheiten unterstützt wird, ist das Modell zur Abbildung beliebiger Merkmale geeignet.

Das gesamte Informationsmodell ist mit allen Attributen und Attributsbeziehungen (aus Gründen der Übersichtlichkeit nur für die Qualitätsbeziehung Funktion) in Abb. 4.16 dargestellt.

5 Realisierung eines Simulationssystems zur Qualitätsplanung

Zur Überprüfung der praktischen Einsetzbarkeit des Informationsmodells erfolgt eine Umsetzung in ein beispielhaftes Simulationssystem. In den folgenden Kapiteln wird zunächst ein Überblick über die Gesamtstruktur der Applikation sowie über allgemeine Aspekte der Implementierung gegeben. Es folgt eine Erläuterung der Funktionalität und der spezifischen Implementierungsaspekte der einzelnen Funktionsbereiche. Eine Darstellung der Integrationsaspekte des Systems in die Unternehmensumgebung bildet den Abschluß dieses Abschnittes.

5.1 Gesamtstruktur

Das in Abb. 5.1 dargestellte Simulationssystem ist in seiner Gesamtfunktionalität in die Bereiche Wissensakquisition, Prozeßanalyse, Simulation, Ergebnisdarstellung und Datenbasis unterteilbar. Zur Gewährleistung eines benutzerfreundlichen übersichtlichen Aufbaus des Systems werden alle Benutzerinteraktionen (Ein– und Ausgabevorgänge) über eine einheitlich gestaltete Benutzeroberfläche vorgenommen. Bei der Gestaltung der Benutzeroberfläche sind folgende Richtlinien maßgebend:

- Aufbau einer aus Sicht des Anwenders logischen Menü– und Dialogstruktur

- Gewährleistung einer schnell zu erlernenden Kontrolle über die Applikation

- Übersichtliche Gestaltung der Menüleiste

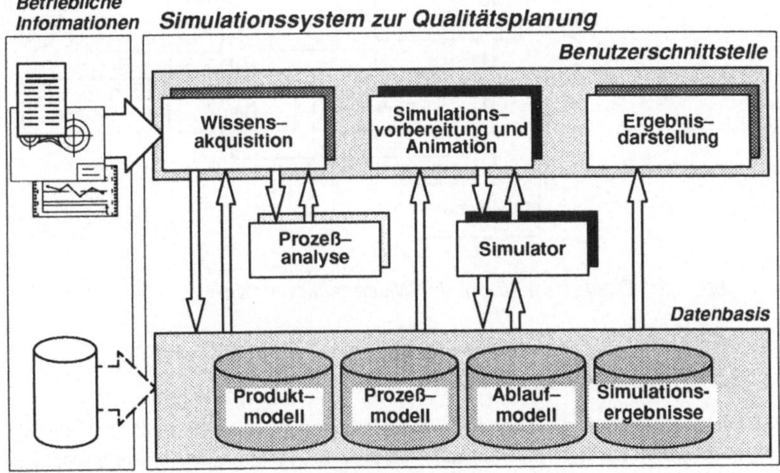

Abb. 5.1: Gesamtstruktur des Simulationssystems

Alle unter den beschriebenen Betriebssystembedingungen laufenden Module sind prinzipiell gemeinsam auf einer Hardwareplattform lauffähig. Dennoch wurde aus Gründen der Leistungsfähigkeit des Gesamtsystems (besonders hinsichtlich der Grafikausgabe) und aus Gründen der besseren Darstellbarkeit der komplexen Interaktionen eine Verteilung der Funktionsbereiche

- Wissenakquisition und Ergebnisrepräsentation,

- Prozeßanalyse,

- Simulation und

- Datenbasis

auf separate Host–Rechner vorgenommen, die über ein lokales Netzwerk miteineinander kommunizieren.

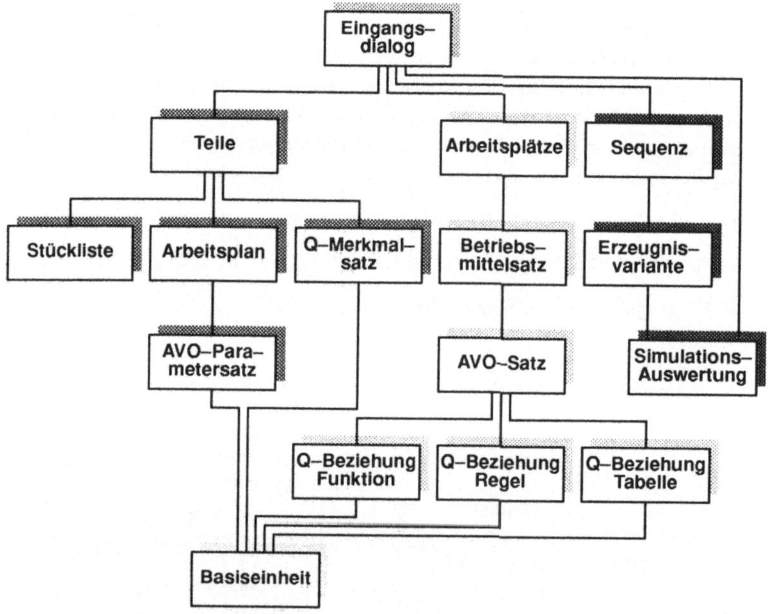

Abb. 5.2: Dialogstruktur bei der Wissensakquisition

5.2 Wissensakquisition

Die Funktionalität des Bereichs zur Wissensakquisition aus Benutzersicht umfaßt die Möglichkeit zur Ein– und Ausgabe von prozeß–, produkt– und ablaufbeschreibenden Daten über die grafische Benutzerschnittstelle. Die Daten werden in einer entsprechenden Datenbasis abgelegt bzw. aus ihr ausgelesen (siehe Kap. 5.6).

Die Dialogstruktur dieses Teils der Benutzeroberfläche entspricht dem Aufbau des Informationsmodells (Kap. 4), dessen Objekte bzw. deren Attribute durch die Eingaben im Zuge der Wissensakquisition mit den entsprechenden Werten instanziiert werden (Abb. 5.2).

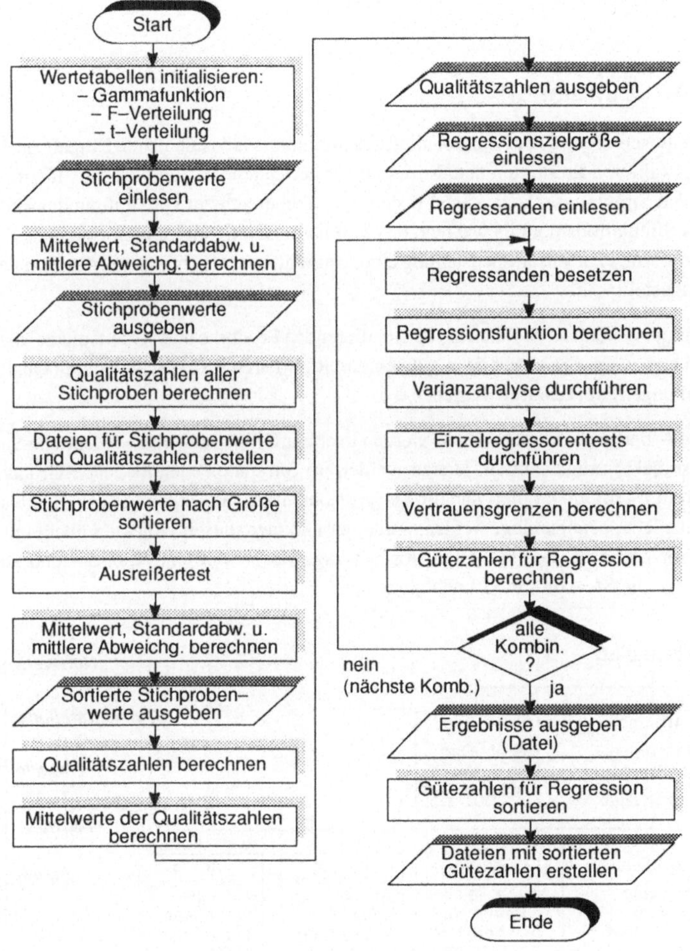

Abb. 5.3: Funktionsschema Prozeßanalysemodul

5.3 Prozeßanalyse

Die Funktionalität des Moduls zur Prozeßanalyse richtet sich nach der in Abschnitt 3.1 entwickelten Vorgehensweise. Die in Abb. 5.3 dargestellten Funktionsblöcke unterstützen den Anwender bei der Entwicklung von Qualitätsbeziehungen. Die entwickelte Methode zur statistischen Analyse von Bearbeitungsprozessen läßt sich besonders wirkungsvoll durch eine Softwareapplikation unterstützen, da einerseits die Vorgehensweise stark formalisiert ist und andererseits viele numerische Berechnungen durchgeführt werden müssen (u.a. Bildung von Regressionsfunktionen und Ermittlung sowie Vergleich von "Gütekennzahlen").

5.4   Simulation

Die Beschreibung der Funktionalität des Simulators läßt sich in den Eingabebereich zur Auswahl von Produkten und Prozessen aus der Datenbasis und deren Aufbereitung zu einem Simulationsszenario und in den Ausgabebereich zur Darstellung des Verhaltens des Simulationsmodells während des Simulationslaufs unterteilen. Folgende Funktionen werden zur Zusammenstellung eines Simulationsszenarios durch den Simulator bereitgestellt:

Aus der Datenbasis können die zu simulierenden Produkte und Arbeitsplätze (diese enthalten u.a. das Spektrum der auf ihnen durchführbaren Prozesse und deren Qualitätsbeziehungen) ausgewählt werden.

Die Arbeitsplätze und Produkte werden in ablauffähige statische bzw. mobile Simulationsobjekte umgewandelt. Hierzu werden im Simulator entsprechende Grundobjekte bereitgestellt, die kopiert und mit den Attributen der entsprechenden Produkte und Arbeitsplätze beaufschlagt werden. Außerdem können diesen Objekten über einen Bildeditor grafische Repräsentationsformen zugewiesen werden. Abb. 5.4 und Abb. 5.5 stellen die Struktur der Grundobjekte dar.

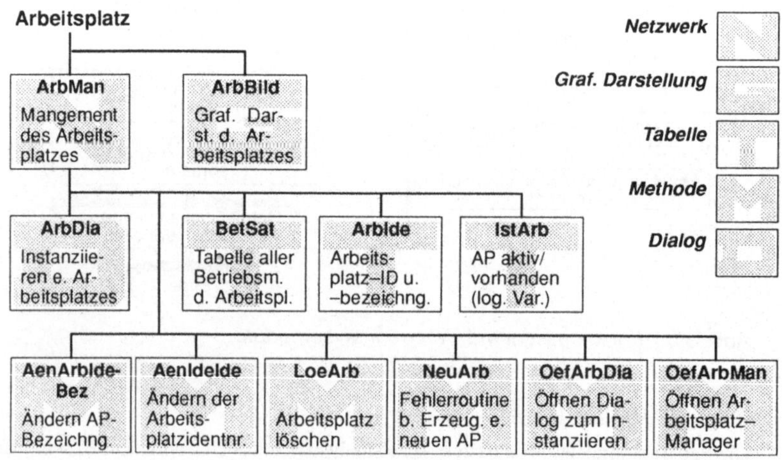

Abb. 5.4: Grundobjekt Arbeitsplatz

Durch die Verwendung eines objektorientierten Simulationstools (s. unten) ist es möglich, aus den Grundelementen Simulationsobjekte beliebiger Komplexität zu bilden [Ward92]. So ist beispielsweise die Anzahl der Betriebsmittel eines Arbeitsplatzes sowie deren Anzahl an Arbeitsvorgängen und Qualitätsbeziehungen nicht begrenzt.

Die im Simulator vorhandene Möglichkeit zur Vererbung von Attributen erlaubt es dem Benutzer außerdem, spezifische Klassenhierarchien von Objekten frei zu konfigurieren und somit auf seine Anforderungen zugeschnittene "Modellbaukästen" zu schaffen [Wenzel93]. Zum Beispiel kann der Anwender eine Klasse von Arbeitsplätzen, die Drehmaschinen repräsentieren soll und für die Drehbearbeitung spezifische Eigenschaften besitzt, definieren, der dann Klassen spezieller Drehmaschinen mit den vererbten Grundeigenschaften und besonderen Attributen untergeordnet werden.

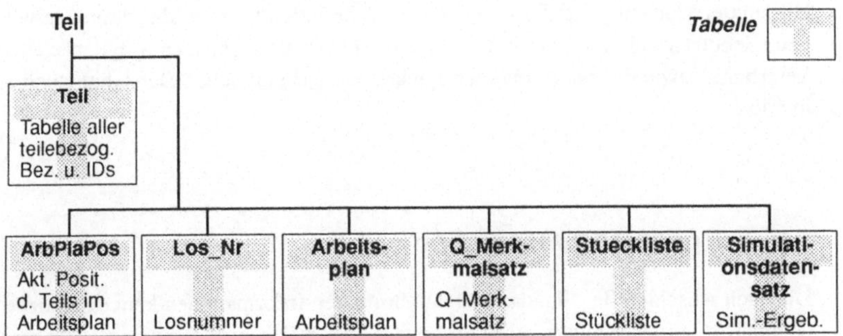

Abb. 5.5: Grundobjekt Produkt

Den initialisierten Simulationsobjekten können des weiteren zeit- und kostenbezogene Eigenschaften wie z.B. Bearbeitungszeiten bei einem Arbeitsvorgang oder Maschinenstundensätze zugeordnet werden. Dies ermöglicht die Bewertung der Simulationsergebnisse nicht nur hinsichtlich der mit der simulierten Konstellation erzielbaren Qualität, die Beurteilung kann vielmehr auch im praxisrelevanten Zusammenhang mit den Zielgrößen Kosten und Zeit erfolgen (siehe Kap. 6).

Nach der Beschreibung der zu simulierenden Produkte und Arbeitsplätze erfolgt die Zusammenstellung des abzubildenden Produktionssystems. Dies erfolgt indem die grafischen Repräsentationen der Arbeitsplätze zu einem Modell des Produktionssystems zusammengefügt werden.

Die Relationen zwischen den Arbeitsplätzen eines Produktionssystemmodells und zwischen den Elementen der Arbeitsplätze werden durch die Arbeitspläne der zu simulierenden Produkte hergestellt. Diese liegen durch die Übernahme der entsprechenden Produktmodelle aus der Datenbasis vor, können aber Freiheitsgrade aufweisen, die durch entsprechende Eingaben in konkrete Ablaufbeschreibungen umgesetzt werden. Dies erfolgt im Rahmen der Definition von Fertigungslosen.

Nach dem Beginn eines Simulationslaufs erfolgt eine Visualisierung der materialflußbezogenen Ereignisse durch Animation.

Die Basis für die Implementierung des Simulators und der simulationsbezogenen Eingabefunktionen ist ein durchgängig objektorientiertes Simulationssystem, das in der verwendeten Version unter den oben beschriebenen Randbedingungen von Hardware und Betriebssystem läuft und eine Schnittstelle zu einem relationalen Datenbanksystem aufweist. Das System bietet dem Anwender eine Bibliothek aus vorgefertigten Bausteinen, mit Hilfe derer Simulationsmodelle erstellt werden können [AESOP93].

Abgesehen von rudimentären Elementen dieses Baukastens wie "Methoden", mit denen z.B. Steuerungen von Informations– oder Materialflüssen modelliert werden können, sind die "serienmäßigen" Bausteine allerdings für die Verwendung des Simulators als konventioneller Materialflußsimulator ausgelegt. Die für die beschriebene Funktionalität des Simulators erforderlichen Elemente wurden mittels der im Simulator enthaltenen Hilfsmittel wie der internen Beschreibungssprache und entsprechende Editoren entwickelt. Genutzt werden die durch die Objektorientiertheit gegebenen Möglichkeiten der Vererbung sowie die systeminternen Funktionen zur grafischen Darstellung und Animation.

5.5 Ergebnisrepräsentation

Die nach Abschluß des Simulationslauf abrufbaren Informationen können in identifizierende, qualitätsbezogene, kostenbezogene und zeitbezogene Informationen eingeteilt werden.

Die identifizierenden Informationen umfassen die zum Vergleich der Simulationsergebnisse mit denen anderer Simulationsläufe erforderlichen Daten zur Identifikation und Grobbeschreibung des Simulationsszenarios.

Durch die qualitätsbezogenen Informationen wird die Beschreibung der Veränderungen der Qualitätslage innerhalb des Modells während und die Statusbeschreibung nach dem Ende des Simulationslaufs ermöglicht. Im einzelnen sind folgende Ausgaben möglich:

- Tabellarische Auflistung aller Prozeßergebnisse des beendeten Simulationslaufs.

- Grafische Darstellung der statistischen Verteilung der Qualitätsmerkmalsausprägungen bezogen auf einzelne Produkttypen oder Fertigungslose.

Die Ausgabe von kosten– und zeitbezogenen Simulationsergebnissen erfolgt analog der Ausgabe qualitätsbezogener Informationen: Die tabellarische Ausgabe von durchschnittlichen Kosten bzw. Zeiten bezogen auf Produkttypen bzw. Lose ist ebenso möglich wie die grafische Ausgabe der entsprechenden Verteilungen.

Wichtig für einen schnellen überschlägigen Vergleich unterschiedlicher Simulationsläufe ist die Möglichkeit, die grafischen Ausgaben für qualitäts–, kosten– und zeitbezogene Ergebnisse verschiedener Simulationsläufe gemeinsam darzustellen.

5.6 Datenbasis

Die Datenbasis zur Aufnahme der produkt–, prozeß– und ablaufbeschreibenden Daten wurde mit einem marktgängigen relationalen Datenbanksystem implementiert. Die Struktur des entwickelten Informationsmodells wurde dabei direkt in die entsprechenden Relationen der Datenbank umgesetzt. Den Objekten im Informationsmodell mit ihren Attributen sind jeweils Tabellen mit entsprechenden Spalten assoziiert [Haller93].

Auf den ersten Blick ist die Verwendung eines objektorientierten Datenbanksystems für das Informationsmodell naheliegend. Es ist jedoch festzustellen, daß markterhältliche als objektorientiert bezeichnete Systeme die Anforderungen an eine volle Objektorientiertheit, wie sie zum Beispiel in [Atkinson89] postuliert werden, bislang kaum erfüllen können und sich in der industriellen Praxis auch noch nicht durchgesetzt haben. Im Hinblick auf die Praxisorientierung des Prototyps wird daher ein bewährtes und auch außerhalb von Forschungslabors gängiges Werkzeug bevorzugt.

5.7 Integration des Simulationssystems in die Unternehmensumgebung

Der Einsatz des Simulationssystems kann durch seine Einbindung in existierende rechnergestützte Systeme einer Unternehmensumgebung besonders wirtschaftlich gestaltet werden.

Der vor allem in der Einführungsphase des Systems zu erwartende hohe Aufwand zur Akquisition von unternehmens–, produkt– und prozeßbezogenen Informationen kann durch die Nutzung existierender Informationssysteme entscheidend verringert werden. So erscheint z.B. die Anbindung an CAD–Systeme zur Akquisition von Produktdaten, die Nutzung von PPS–Systemen zur strukturierten Beschaffung von Informationen aus dem Bereich Arbeitsvorbereitung und die Kommunikation mit CAQ–Systemen zum Austausch qualitätsrelevanter Informationen sinnvoll [Englert95].

Das in Abb. 5.1 dargestellte Programmodul zur Wissensakquisition stellt die Schnittstelle zu individuellen rechnergestützten Systemen dar. Er ist in der vorliegenden prototypischen Fassung des Simulationssystems nicht implementiert, da seine Konfiguration von den jeweiligen Einsatzbedingungen im Unternehmen abhängt. Die Anbindung eines solchen Koppelmoduls ist in der vorgeschlagenen Form aber ohne großen Aufwand möglich, da sowohl Benutzerschnittstelle als auch Datenbanksystem offen gestaltet sind.

Durch die in Abschnitt 3.1 entwickelte strukturierte Vorgehensweise zur Datenakquisition ist die Abschätzung des Potentials der Nutzung spezifischer betrieblicher Informationssysteme möglich. Eine Anbindung kann durch die konzeptionellen Vorgaben mit vertretbarem Aufwand erfolgen.

Als weitere Alternative bietet sich die vollständige Integration des Simulationssystems in betriebliche Umgebungen durch die Nutzung einer allen rechnergestützten Systemen gemeinsamen unternehmensweiten Datenbasis an, was auch den Rückfluß von Ergebnissen der Simulation zur Weiterverwendung durch andere Systeme einfach gestalten würde [Zell90].

Eine derartige Datenbasis wäre – eine industrielle Umsetzung vorausgesetzt – sicherlich nach dem relationalen Modell aufgebaut. Eine Anpassung der Funktionsmodule des Simulationssystems müßte unter diesen Bedingungen lediglich durch den Wegfall der Simulationsdatenbasis und eine Modifikation der Zugriffsfunktionen der Benutzeroberfläche auf die existierende Datenbasis erfolgen.

6 Anwendungsbeispiel

In Zusammenarbeit mit Industriepartnern, von denen reale Produkt– und Prozeßdaten sowie Expertenwissen bezüglich der Zusammenhänge von Prozeßparametern und deren Auswirkungen auf die Produktqualität zur Verfügung gestellt wurden, wurde ein realistisches Testszenario erarbeitet. Mit Hilfe dieses Anwendungsbeispiels werden folgende Ziele verfolgt:

- Validierung des Gesamtkonzepts des Simulationssystems

- Test der entwickelten Produkt–, Prozeß– und Ablaufmodelle in realitätsnahem Zusammenhang sowie Abgleich mit dem Verhalten ihrer realen Vorbilder unter unterschiedlichen Bedingungen

- Erprobung der entwickelten Softwaremodule und ihres Zusammenwirkens

Das Testszenario dient außerdem zur Demonstration der Anwendungsmöglichkeiten der Qualitätssimulation sowie zur Konkretisierung erforderlicher Weiterentwicklungen des Simulationssystems zu einem industriell anwendbaren Werkzeug.

In den folgenden Abschnitten wird der Ablauf der beispielhaften Simulationsstudie erläutert. Ausgehend von einer Problemstellung aus dem Bereich der Fertigungsplanung wird das praktische Vorgehen bei der Datenakquisition, der Prozeßanalyse und des Aufbaus des Simulationsmodells mit Hilfe der entwickelten Methoden und Werkzeuge dargestellt. Den Abschluß bildet die Darstellung der durch die Simulation gewonnenen Erkenntnisse bezogen auf die Problemstellung sowie die zusammenfassende Bewertung der Praxiserfahrungen bei der Modellerstellung, der Durchführung der Simulationsläufe und der Interpretation der Simulationsergebnisse woraus ein Ausblick auf erforderliche Entwicklungsarbeiten mit dem Ziel einer industriellen Applikation abgeleitet wird.

6.1 Problemstellung

Ein neues Produkt "Schrägrad" soll auf einer bestehenden Fertigungsanlage hergestellt werden, auf dem bislang zwei andere Produkte ("Distanzhülse" und "Schwungrad") hergestellt wurden, die parallel weiter gefertigt werden sollen. Das neue Produkt kann prinzipiell mit drei unterschiedlichen Prozeßkombinationen (entsprechend drei unterschiedlichen Arbeitsplänen) auf der vorhandenen Anlage gefertigt werden. Die Arbeitspläne unterscheiden sich hinsichtlich des Dehprozesses für den Bearbeitungsschritt "Innenlängsdrehen":

Nach Arbeitsplan 1 sollen alle Schrägräder auf der vorhandenen Drehmaschine 1 bearbeitet werden, die als die genaueste beurteilt wird aber auch die höchsten Kosten verursacht. Arbeitsplan 2 erlaubt die alternative Bearbeitung des Schrägrades auf Drehmaschine 1 oder 2 um einen höheren Mengendurchsatz bei gleichzeitig akzeptabler Qualitätslage zu erreichen. Mit Arbeitsplanvariante 3, nach der die beliebige Belegung aller 3 Drehmaschinen möglich ist, wird die Strategie verfolgt, rein kosten– und zeitoptimiert zu fertigen und Beeinträchtigungen der Qualitätslage in Kauf zu nehmen.

Folgende Fragestellungen sollen durch die Simulation bearbeitet werden:

- Für die 3 Arbeitsplanvarianten soll die erzielbare Qualität des Schrägrades ermittelt werden.

- Die Auswirkungen der Varianten auf die zu erwartende Qualität der anderen Produkte sollen in die Betrachtungen einbezogen werden.

6.2 Datenakquisition

Die Quellen zur Beschreibung des Schrägrades sind die Konstruktionszeichnung und Werknormen zur Repräsentation werkstoffbezogener Kennwerte. Die zu betrachtenden Qualitätsmerkmale sind Innendurchmesser, Länge, Rauhigkeit der Innenoberfläche und Oberflächenhärte (Abb. 6.1). Die relevanten Daten der beiden anderen Produkte sind vor Beginn der Simulationsstudie bereits bekannt. Die Herstellungsverfahren, Qualitätsmerkmale und Datenquellen von Schwungrad und Distanzhülse sind mit denen des Schrägrades vergleichbar.

Produktbeschreibung Schrägrad

Identifikation

	Teilidentnr.: 2–010101	Teilbez.: Schrägrad	Stücklisten ID: 2-010101-001	Teileart: Räder	Beschaffg.: Lieferant_1

Qualitätsmerkmale

Qualitätsmerkmalsatzidentnr.: **2–010101–001–001–001**   Bez.: **QM–Schrägrad**

QM–Ident.	QM–Bez.	Basiseinheitid-ent.	Minimalwert	Max.Wert	Sollwert
–001	Innen–Ø	4–0001 [mm]	65,0000	65,0012	65,0000
–002	Rauhigkeit Innenoberfl.	4–0005 [µm]	5,5	6,1	6,0 (Rz6)
–003	Oberfl.–Härte	4–0006 [HRC]	59	63	61
–004	Länge	4–0001 [mm]	109,2	110,0	110,0

Qualitätsrelevante Arbeitsgänge

AG–Nr.	Arbeitsgang–Bez.	Beeinflußte QM	Zeit	Kosten
3	Ablängen	Länge	10	10
9	Innenlängsdrehen	Innen–Ø	30	100
15	Einsatzhärten	Oberfl.Härte	220	12
21	Innenrundschleifen	Innen–Ø, Rauhigkeit	17	41

Anm.: – Arbeitsgangnummern beziehen sich auf den regulären Arbeitsplan Nr. 2–010101–001–001.
– Zeiten und Kosten sind Planungsgrößen.

Abb. 6.1: Relevante Eigenschaften des Produkttyps "Schrägrad"

Die Datenakquisition zur Beschreibung des Produktionssystems wird im folgenden anhand der Arbeitsplätze zur Drehbearbeitung erläutert. Die Datenerfassung für die weiteren Elemente des Produktionssystems verläuft analog.

Die Quellen für die Beschreibung der Arbeitsplätze zur Drehbearbeitung und deren Arbeitsvorgänge sind Maschinendatenblätter und Arbeitspläne. Die potentiellen Prozeßeinflußgrößen können der Dokumentation entsprechender Maschinenfähigkeitsuntersuchungen entnommen werden. Diese umfassen

- die Beschreibung der verwendeten NC–Programme (diese enthalten wiederum Spezifikationen wie Schnittgeschwindigkeiten und Vorschübe),

- die verwendeten Schneid– und Schmierstoffe,

- eine ausführliche Darstellung der Prozeßergebnisse

- sowie der Meßmittel, mit denen diese ermittelt worden sind.

Abb. 6.2 stellt das Produktionssystem in Form einer Layoutskizze dar.

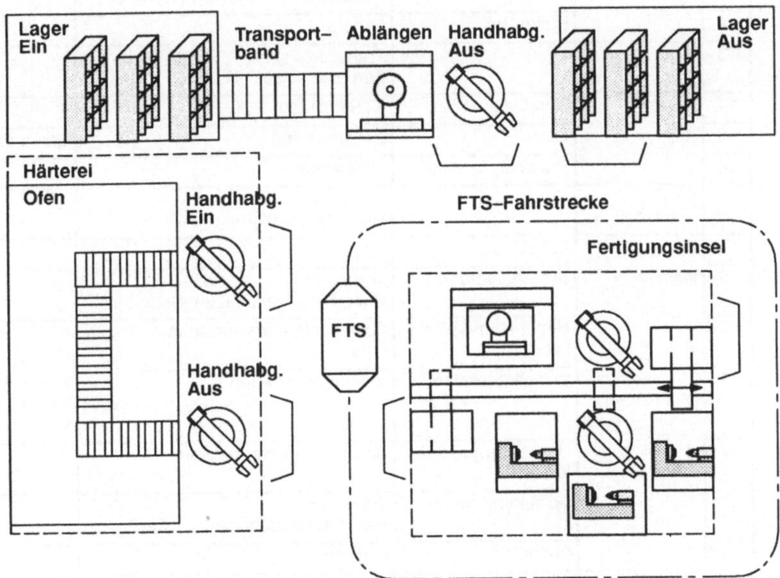

Abb. 6.2: Layout des Produktionssystems

AG	Arbeitsplatz	Betriebsmittel	Arbeitsgangbezeichnung	QM
1	LagerEin	Regal	Lagern	–
2	Rohteil-transport	Förderband	Fördern LagerEin – Rohbearbeitung	–
3	Rohbearbei-tung	Säge	Ablängen	Länge
4		Handhabung_Roh	FTSbeladen	–
5	FTS	–	Transport Rohbearbeitung – Fertigungsinsel	–
6	Fertigungs–insel	PufferEin	Lagern	–
7		Schienenförderer	Transport PufferEin – HandhabungDrehen	–
8		HandhabungDre-hen	Schienenförderer entladen	–
9		Drehmaschine_N (1, 2 oder 3)	Innenlängsdrehen	Innen–Ø
10		HandhabungDre-hen	Schienenförderer beladen	–
11		Schienenförderer	Transport HandhabungDrehen – PufferAus	–
12		PufferAus	Lagern	–
13	FTS	–	Transport Fertigungsinsel – Härterei	–
14	Härterei	HandhabungEin	FTSentladen	–
15		Ofen	Einsatzhärten	Ob.Härte
16		HandhabungAus	FTSbeladen	–
17	FTS	–	Transport Härterei – Fertigungsinsel	–
18	Fertigungs–insel	PufferEin	Lagern	–
19		Schienenförderer	Transport PufferEin – HandhabungSchleifen	–
20		HandhabungSchlei-fen	Schienenförderer entladen	–
21		Schleifmaschine	Innenrundschleifen	Innen–Ø, Rauhig-keit
22		HandhabungSchlei-fen	Schienenförderer beladen	–
23		Schienenförderer	Transport HandhabungSchleifen - PufferAus	–
24		PufferAus	Lagern	–
25	FTS	Fahrzeug	Transport Fertigungsinsel – LagerAus	–
26	LagerAus	Regal	Lagern	–

Abb. 6.3: Prozesse des Testszenarios

6.3 Prozeßanalyse

Im folgenden Kapitel wird für den Prozeß "Innenlängsdrehen" eine Analyse auf der Grundlage statistischer Eingangsgrößen beschrieben. Die Qualitätsbeziehungen der anderen qualitätsrelevanten Prozesse (Abb. 6.3) sind bereits bekannt. Die einzelnen Schritte dieser Analyse folgen dem in Abschnitt 3.2 beschriebenen Ablauf. Das Ziel ist die Bildung einer Qualitätsbeziehung, die den Einfluß des Prozesses auf das Qualitätsmerkmal "Innendurchmesser" des Schrägrades in Form einer Funktion beschreibt.

Für die statistische Modellierung des qualitätsrelevanten Verhaltens des betrachteten Prozesses bezüglich des Produkts Schrägrad steht nur eine Maschinenfähigkeitsuntersuchung zur Verfügung. Um die Aussagegenauigkeit der Prozeßanalyse zu verbessern, ist die Erweiterung der statistischen Grundgesamtheit notwendig. Zu diesem Zweck werden in die Prozeßanalyse ähnliche Prozesse mit einbezogen. Das heißt, daß 9 Maschinenfähigkeitsuntersuchungen ähnlicher Schrägräder unterschiedlicher Größe (Innendurchmesser zwischen 54,7 und 69,8 mm), die für die gleiche Maschine und das Innenlängsdrehen durchgeführt wurden, in den weiteren Betrachtungen mit berücksichtigt werden.

Trotz der unterschiedlichen Nennmaße der betrachteten Produkte ist eine Normierung der Zielgröße "Innendurchmesser" wie in Kap. 3.2.2 beschrieben in diesem Fall nicht erforderlich, da alle Maße im gleichen IT–Nennmaßbereich liegen [DINISO286]. Die zur Verfügung stehenden Daten werden im Zuge der Vorbereitung der Auswahl der potentiellen Einflußgrößen tabellarisch erfaßt (Abb. 6.4).

Die Eingrenzung und Auswahl der als signifikant angesehenen Einflußgrößen erfolgt unter Einbeziehung von Expertenwissen über den betrachteten Prozeß. Für den vorliegenden Fall werden die in Abb. 6.5 dargestellten Einflußgrößen ausgewählt.

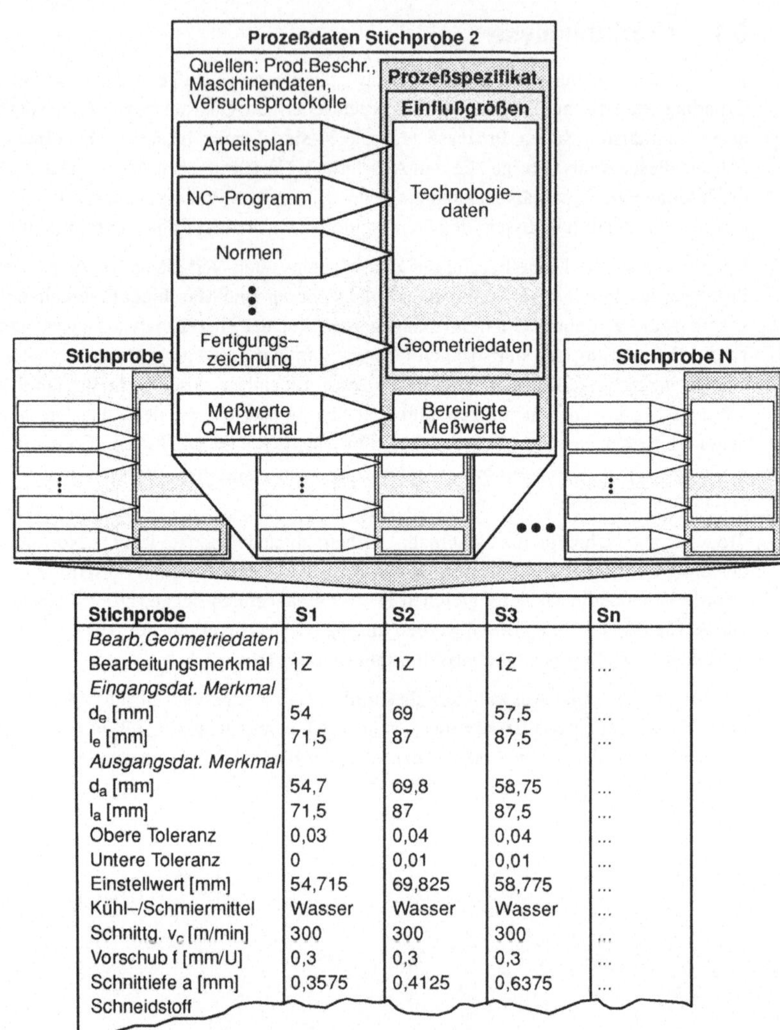

Stichprobe	S1	S2	S3	Sn
Bearb.Geometriedaten				
Bearbeitungsmerkmal	1Z	1Z	1Z	...
Eingangsdat. Merkmal				
d_e [mm]	54	69	57,5	...
l_e [mm]	71,5	87	87,5	...
Ausgangsdat. Merkmal				
d_a [mm]	54,7	69,8	58,75	...
l_a [mm]	71,5	87	87,5	...
Obere Toleranz	0,03	0,04	0,04	...
Untere Toleranz	0	0,01	0,01	...
Einstellwert [mm]	54,715	69,825	58,775	...
Kühl–/Schmiermittel	Wasser	Wasser	Wasser	...
Schnittg. v_c [m/min]	300	300	300	...
Vorschub f [mm/U]	0,3	0,3	0,3	...
Schnittiefe a [mm]	0,3575	0,4125	0,6375	...
Schneidstoff				

Abb. 6.4: Datenaufbereitung

Stich-probe	Einstell-wert x	Bearbei-tungs-länge l_e	Schnitt-tiefe a_p	Vor-schub f	Spanungs-breite b	Spanungs-höhe h	Mittelwert der Quali-tätszahl $\bar{q}$
1	54,715	71,5	0,3575	0,3	0,412805442	0,259807621	7,07863
2	69,825	87	0,4125	0,3	0,503569518	0,245745613	5,61676
3	58,775	87,5	0,6375	0,3	0,736121593	0,259807621	4,44368
4	69,725	104,8	0,4625	0,3	0,534048999	0,259807621	3,45192
5	69,825	104,8	0,4625	0,3	0,534048999	0,259807621	3,79548
6	69,825	76	0,4625	0,3	0,534048999	0,259807621	3,77466
7	69,825	76	0,4125	0,35	0,476313972	0,303108891	2,58604
8	54,825	50,5	0,4125	0,35	0,476313972	0,303108891	5,61568
9	69,225	55,5	0,4125	0,2	0,476313972	0,173205081	1,64768

Abb. 6.5: Eingrenzung und Auswahl der Einflußgrößen

Die Bildung der Qualitätsbeziehung erfolgt mittels linerarer Regression unter Verwendung des in Abschnitt 5.3 erläuterten Prozeßanalysemoduls des Simulationssystems. Für die 6 als unabhängig voneinander angesehenen Einflußgrößen ergeben sich 31 mögliche Regressionsmodelle (vgl. Kap. 3.2.4). Die Beurteilung der Modelle erfolgt durch Varianzanalyse, Einzelregressorentests, Berechnung von Vertrauensgrenzen sowie durch die Berechnung der Kennzahlen Bestimmtheitsmaß, Streuung und C–Größe nach Mallows (siehe Kap. 3.2.5).

Für die Kriterien Bestimmtheitsmaß und Standardabweichung weisen viele Modellalternativen nahezu identische, sehr gute Werte auf (Abb. 6.6). Der Wert des Bestimmtheitsmaßes liegt hier nahe 1, wodurch bestätigt wird, daß alle für die Zielgröße signifikanten Einflußparameter berücksichtigt wurden. Die Ermittlung der Wahrscheinlichkeitsdichten für den F–Test liefert dagegen lediglich für die Modelle 1, 3 und 4 den optimalen Wert 1 (Abb. 6.6). Nur die Modellalternative 4 erfüllt zusätzlich die Ungleichungen für die C–Größe nach Mallows und liefert die besten Ergebnisse in den Hypothesentests [Weippert94]. Sie wird für die Modellierung des Prozesses ausgewählt und hat folgende Form:

$$d_{erwartet} = p_1 + p_2\, x + p_3\, l_e + p_4\, b + p_5\, f$$

mit den Einflußgrößen

Einstellwert x [mm]
Bearbeitungslänge l_e [mm]
Spanungsbreite b [mm]
Vorschub f [mm]

und den Parametern

$p_1 = -0{,}0319947093$
$p_2 = 1{,}0000881776$
$p_3 = -0{,}0000923569$
$p_4 = 0{,}0012635399$
$p_5 = 0{,}1557585847$

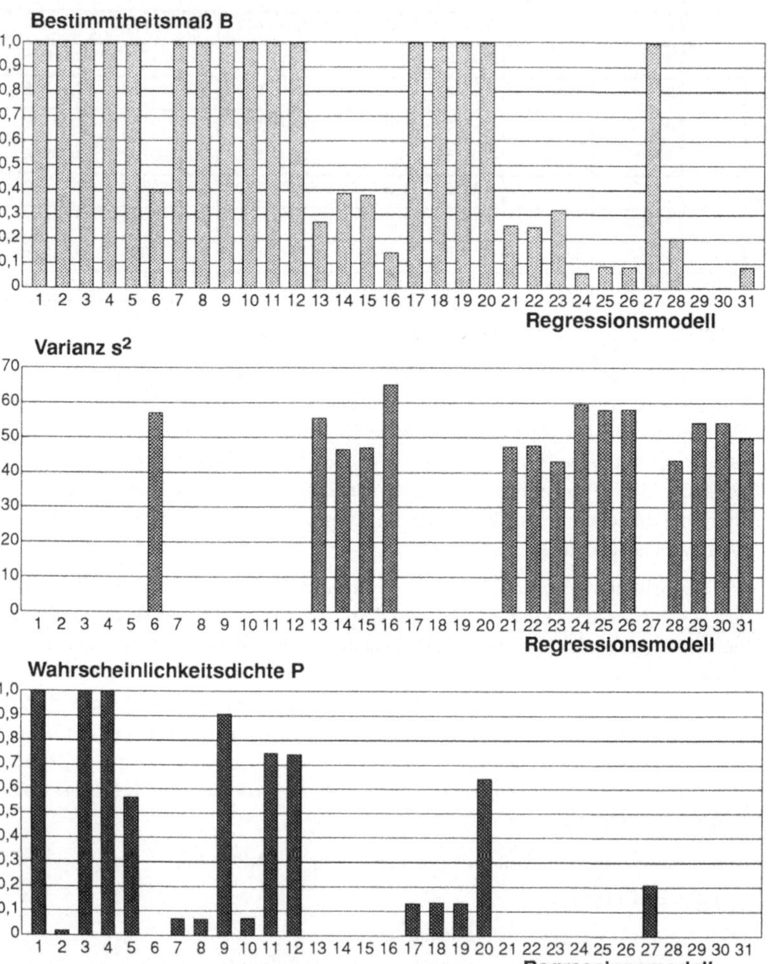

Abb. 6.6: Kenngrößen zur Auswahl des Regressionsmodells

Bei der Anwendung der ermittelten Qualitätsbeziehung ist zu beachten, daß nur wenige Stichproben betrachtet werden konnten. Die Forderung nach der Akquisition weiterer Daten für diesen Prozeß ist also naheliegend [Gumpoltsberger93]. Im vorliegenden Fall ist dies nicht möglich; die Untersuchung muß zunächst als abgeschlossen betrachtet werden.

6.4   Aufbau des Simulationsmodells

Mit der Eingabe der Daten der zu simulierenden Produkte und des Produktionssystems in die Datenbasis wird die Umsetzung der beschafften und analysierten Informationen in das Informationsmodell vorgenommen. Für den Arbeitsplatz "Fertigungszelle" ergibt sich die in Abb. 6.7 dargestellte Struktur. Die in der Datenbasis abgelegten Elemente des Informationsmodells können direkt in Simulationsobjekte umgesetzt werden.

Aufgrund der vorgegebenen Problemstellung existieren 3 mögliche Varianten der Fertigung, entsprechend müssen 3 Simulationsläufe durchgeführt werden. Diese unterscheiden sich nur hinsichtlich des für den Produkttyp Schrägrad verwendeten Arbeitsplans. Die sonstigen Einstellungen wie die Größe von Fertigungslosen, deren Prioritäten und Einlastungsstrategien sind bei allen Simulationsläufen konstant (Abb. 6.8).

6.5   Simulationsergebnisse

Zur Bewertung der Simulationsläufe werden die tabellarischen und grafischen Ausgabefunktionen des Simulationssystems genutzt. Dabei sorgen vor allem die grafischen Funktionen für eine schnelle Orientierung der Benutzer bezüglich der Leistungsfähigkeit der einzelnen Varianten. Die tabellarischen Ergebnisrepräsentationen können anschließend für die Quantifizierung der visuell erfaßten Ergebnisse genutzt werden. In Abb. 6.9 ist exemplarisch der Vergleich der drei Simulationsläufe bezüglich der Ausprägung des Qualitätsmerkmals Innendurchmesser an den betrachteten Produkten dargestellt. Danach ergibt sich zwar ausschließlich für den Arbeitsplan 1 ein zufriedenstellendes Ergebnis für das Schrägrad, dies geht jedoch mit einer kritischen Qualitätslage des Schwungrades einher.

Für eine Weiterführung der Planung kann somit auch das Simulationsszenario 2 eine geeignete Ausgangsbasis darstellen, da hier die Qualitätslage bezogen auf den Innendurchmesser von Schrägrad als auch Schwungrad nur geringfügig über den vorgegebenen Grenzen liegt. Die Qualitätslage für das Produkt Distanzhülse erweist sich wegen des großen Toleranzbereichs erwartungsgemäß in allen Simulationsläufen als unkritisch.

Eine mögliche Entscheidungsgrundlage für die weiteren Planungsaktivitäten, etwa welche Arbeitsplanvariante für weitere Simulationsstudien verfeinert wird, stellt die Betrachtung der zu erwartenden Kosten und der Erfüllung von mengen– bzw. zeitbezogenen Randbedingungen dar. Diese werden im vorliegenden Beispiel zwar vernachlässigt, können jedoch mit Hilfe des Simulationssystems im Zusammenhang mit der erzielbaren Qualität der Produkte ermittelt werden.

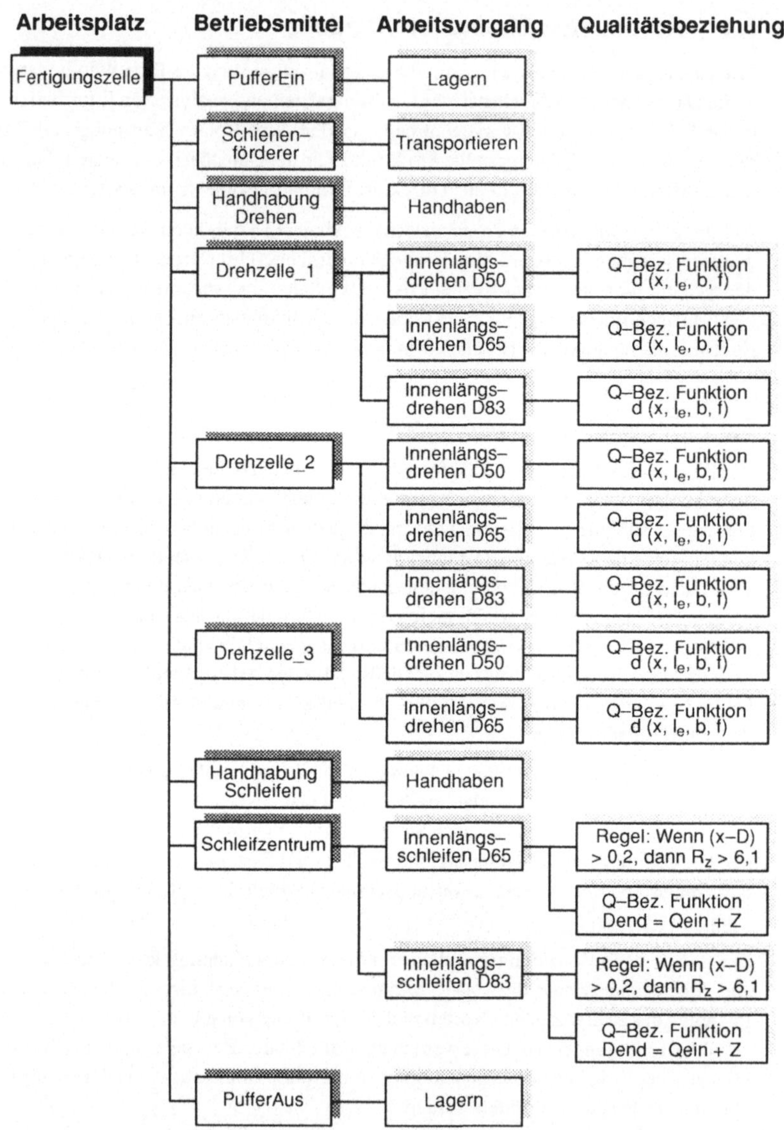

Abb. 6.7: Struktur des Arbeitsplatzes Fertigungszelle

<table>
<tr><td colspan="6">Kopfdaten</td></tr>
<tr>
<td colspan="2">Sim.–Laufbez., Datum, Uhrzeit:
Szenario*, 16.08.94, 9.35 Uhr</td>
<td colspan="3">Modellbezeichnung:
/users/ege5/simulation/Fabrik_1</td>
<td>Bearbeiter:
Meier</td>
</tr>
</table>

Los 1

Losinhalt

St.: 10	Teile–ID: 2–010101	Teilebez.: **Schrägrad**	Stücklisten–ID: 2–010101– 001	QM–Satz–Identnr.: 2–010101– 001–001–001	Arbeitsplan: ***

Einlastungsstrategie

Teile pro Einlastung: 1	Zeitl. Abstand der Einlastungen: **10 – 20 sec, normalverteilt**	Priorität: 1

Los 2

Losinhalt

St.: 30	Teile–ID: 2–020101	Teilebez.: **Schwung- rad**	Stücklisten–ID: 2–020101– 001	QM–Satz–Identnr.: 2–020101– 001–001–001	Arbeitsplan: 2–020101– 001–001

Einlastungsstrategie

Teile pro Einlastung: 3	Zeitl. Abstand der Einlastungen: **35 sec**	Priorität: 3

Los 3

Losinhalt

St.: 40	Teile–ID: 2–010101	Teilebez.: **Schrägrad**	Stücklisten–ID: 2–010101– 001	QM–Satz–Identnr.: 2–010101– 001–001–001	Arbeitsplan: ***

Einlastungsstrategie

Teile pro Einlastung: 1	Zeitl. Abstand der Einlastungen: **10 – 20 sec, normalverteilt**	Priorität: 1

Los 4

Losinhalt

St.: 100	Teile–ID: 2–030101	Teilebez.: **Distanz- hülse**	Stücklisten–ID: 2–030101– 001	QM–Satz–Identnr.: 2–030101– 001–001–001	Arbeitsplan: 2–030101– 001–001

Einlastungsstrategie

Teile pro Einlastung: 20	Zeitl. Abstand der Einlastungen: **20 – 25 sec, normalverteilt**	Priorität: 3

Anmerkungen:
* Die Bezeichnungen der Simulationsläufe lauten: Szenario_1, Szenario_2, Szenario_3.
Sie unterscheiden sich nur in den für die Lose 1 und 3 verwendeten Arbeitspläne.
*** Die verwendeten Arbeitspläne sind **2–010101–001–001, 2–010101–001–002**
und **2–010101–001–003.**

Abb. 6.8: Einstellungen der Simulationsläufe

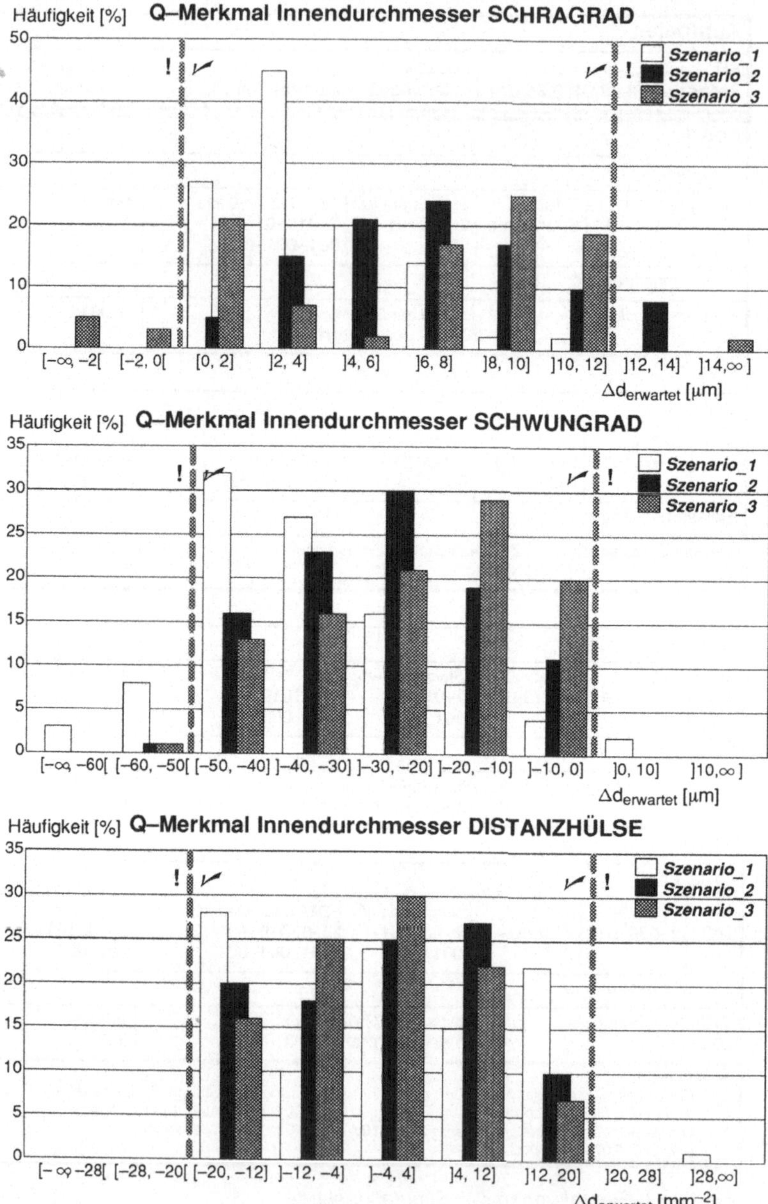

Abb. 6.9: Ergebnisvergleich für Innendurchmesser des Schrägrads

7 Zusammenfassung und Bewertung der Ergebnisse

Als Reaktion auf Kundenforderungen müssen produzierende Unternehmen vieler Sparten in der Lage sein, innovative Produkte in kürzester Zeit in immer größerer Variantenvielfalt zu entwickeln und herzustellen. Dabei ist die Erfüllung kundenspezifischer Qualitätsforderungen neben Preis und Termintreue Voraussetzung für den Erfolg am Markt. Im Bereich der Produktionstechnik kann diesen Forderungen durch entsprechend flexible Produktionssysteme Rechnung getragen werden. Für den Bereich der präventiven Qualitätssicherung, der im Zuge der wirtschaftlichen Randbedingungen zunehmende Bedeutung erlangt, ergibt sich die Aufgabe, aus einer Vielzahl möglicher Alternativen die für die jeweilige Produktionsaufgabe angemessene, d.h. den Qualitätsforderungen Rechnung tragende und wirtschaftlich vertretbare Lösung zu ermitteln.

Im Rahmen einer Untersuchung von Methoden der Qualitätssicherung in der Definitions- und Planungsphase wurde in Kapitel 2 aufgezeigt, daß mit Hilfe konventioneller Methoden der präventiven Qualitätssicherung entweder nur eine sehr überschlägige und damit ungenaue Betrachtung von Planungsalternativen möglich ist, oder daß auf der anderen Seite mittels analytischer Methoden eine genaue Betrachtung bei einer Vielzahl von Alternativen nur mit einem unverhältnismäßig hohen Aufwand (vor allem an Zeit und Personal) durchführbar ist.

Die Zielsetzung der vorliegenden Arbeit war daher, in Form eines Simulationssystems ein Instrument zu konzipieren, das es ermöglicht, im Unternehmen vorhandenes analytisches und empirisches Wissen über qualitätsrelevante Zusammenhänge zu strukturieren und die zu erwartenden Auswirkungen unterschiedlicher Kombinationen von Bearbeitungsprozessen auf die Produktqualität im Zusammenhang mit zeitlichen und wirtschaftlichen Randbedingungen beurteilbar zu machen.

Von essentieller Bedeutung für die Aussagefähigkeit von Planungsergebnissen ist die Qualität der zugrundeliegenden Informationen über den jeweiligen Untersuchungsgegenstand. In Kapitel 3 wurde daher eine allgemein anwendbare Vorgehensweise zur gezielten Erfassung und Strukturierung von Wissen über Produkte, Prozesse und Abläufe entwickelt, das die Grundlage adäquater Modelle deren qualitätsrelevanten Verhaltens bildet.

Ein Kernproblem bei der Erstellung von Simulationsmodellen zur Qualitätsplanung ist die Analyse des Einflusses von Bearbeitungsprozessen auf die Ausprägung von Qualitätsmerkmalen am Produkt. Zur Entwicklung von funktionalen Qualitätsbeziehungen aus statistischen Daten wurde ein Analysekonzept auf der Basis der linearen Regressionsanalyse entwickelt und mittels Untersuchungen realer Drehprozesse und deren Einflüsse auf geometrische Qualitätsmerkmale validiert.

Das vorgestellte Konzept ist prinzipiell auf weitere Prozesse anwendbar, bei denen – möglichst umfangreiches – statistisches Datenmaterial vorliegt. Dennoch ist eine rein formale Vorgehensweise zur Prozeßanalyse allein nicht ausreichend, da eine vollständige Betrachtung aller potentiellen Einflüsse nicht möglich ist. Es wird in der Praxis oft notwendig sein, schwer formalisierbares und häufig nicht dokumentiertes Expertenwissen in die Betrachtungen einzubeziehen.

Als Basis des Simulationssystems zur Qualitätsplanung wurde in Kapitel 4 ein Informationsmodell entwickelt, das die Möglichkeit bietet, Produktionssysteme beliebiger Art arbeitsplatzorientiert abzubilden. Die Modellierung von Produkten nach dem Prinzip des Fertigungsstufenbaums erlaubt eine rationelle Abbildung von Produkten beliebiger Komplexität und Variantenvielfalt im Informationsmodell. Außerdem ist durch die Abbildung der Produkteigenschaften mittels Qualitätsmerkmalssätzen unter Zuhilfenahme frei definierbarer Basiseinheiten die Simulation beliebiger Produktmerkmale möglich. Durch die flexiblen Beschreibungsmöglichkeiten mittels Funktion, Regel und Tabelle kann jede Art von qualitätsrelevanten Zusammenhängen zwischen Produkten und Prozessen abgebildet werden.

Die entwickelten Vorgehensweisen wurden in Kapitel 5 in Funktionsmodule zur Datenakquisition, Prozeßanalyse, Simulation und Ergebnisaufbereitung umgesetzt. Das entstandene Simulationssystem wurde in Zusammenarbeit mit Industrieunternehmen anhand eines in Kapitel 6 beschriebenen Testszenarios hinsichtlich der Erfüllung der anwenderbezogenen Anforderungen durch das zugrundeliegende Konzept und der Umsetzbarkeit in ein industriell anwendbares Hilfsmittel untersucht.

Die Ergebnisse der Untersuchung zeigen, daß die Konzeption von Informationsmodell und Simulationssystem die Anforderungen an Funktionalität, Flexibilität und Integrationsfähigkeit, die an ein derartiges Hilfsmittel gestellt werden müssen, erfüllt. Eine Umsetzung der vorliegenden Laborlösung in ein von Produktions– und Anlagenplanern im industriellen Umfeld wirtschaftlich einsetzbares Planungsinstrument kann durch Anpassungen an die technologischen und organisatorischen Randbedingungen des jeweiligen Einsatzbereichs vorgenommen werden.

Als Ergebnis steht eine als Ergänzung des Spektrums an Methoden zur präventiven Qualitätssicherung zu betrachtende neue Vorgehensweise zur Verfügung, die auf effiziente und wirtschaftliche Art eine qualitätsgerechte Auslegung und einen qualitätsgerechten Betrieb flexibler Produktionssysteme ermöglicht.

Es ist jedoch zu betonen, daß das Simulationssystem selbst keine Optimierung geplanter Produktionssysteme vornimmt. Es ist vielmehr ein Hilfsmittel zur Untersuchung von Szenarien, die der Anwender selbst entwickeln und die er auf Grund von Simulationsergebnissen variieren muß. Das Problem der Optimierung könnte durch die Entwicklung von entsprechenden Verfahren der Modellvariation etwa mittels genetischer Algorithmen und einer automatischen Beurteilung der Varianten wirksam unterstützt werden.

8 Literaturverzeichnis

AESOP93
AESOP GmbH: SIMPLE++ Version 2.0 – Referenzhandbuch.
Stutttgart, 1993 – Firmenschrift

Akao90
Akao, Y. (Hrsg.): Quality Function Deployment: Integrating Customer Requirements into Product Design.
Cambridge (USA): Productivity Press, 1990

Althaus94
Althaus, M.; Ortlepp, M.: Das Excel 5 Buch.
Düsseldorf u.a.: Sybex, 1994

Anderl89
Anderl, R.: Integriertes Produktmodell.
In: ZwF 84 (1989) Nr. 11, S. 640–644

Anders90
Anders, H.–M.; Schuhmann, J., Weiß, U.: Analyse des heutigen CAQ–Einsatzes.
In: QZ 35 (1990) Nr. 5, S. 262–267

ASI87
N.N.: Quality Function Deployment QFD.
Dearborn, Michigan: American Supplier Institute, 1987

Atkinson89
Atkinson, M.; Bancilhon, F.: The Object–Oriented Database System Manifesto.
In: Proceedings DOOD, Kyoto: 1989

Aye92
Aye–Stöhr, S.; Friedl, H.: SPC–Simulation: Geeignete Regelungsverfahren auswählen.
In: QZ 37 (1992) Nr. 5, S. 289–292

Bader93
Bader, U.: Simulationsgestützte Planungsmethodik zur Integration von Materialflußsystemen.
In: IPA–Technologie–Forum Simulationsgestützte Methoden zur Planung und Optimierung komplexer Produktionsabläufe, 27. Oktober 1993 in Stuttgart / Schraft, R.–D. (Hrsg.). Stuttgart: FpF – Verein zur Förderung produktionstechnischer Forschung e.V., 1993, S. 73 – 114

Bamberg80
Bamberg, G.; Baur, F.: Statistik.
München u.a.: Oldenbourg, 1980

Batz93
  Batz, Th.; Anheuser, F.; Herrmann, F.: Objektorientierte Modellierung von Produkti-
  onsabläufen – Vorteile für die Bewertung von Produktionsalternativen.
  In: Mitteilungen aus dem Fraunhofer Institut für Informations– und Datenverarbei-
  tung IITB Karlsruhe (1993), S. 43–50

Ben91
  Ben–Arieh, D.; Miron, I.: Concurrent Modeling and Simulation of reactive Manufac-
  turing Systems using Petri Nets.
  In: Computers & Industrial Engineering 20 (1991) Nr. 1, S. 45–58

Bernecker81
  Bernecker, K.: Anleitung zur Qualitätsregelkarte und zur Fehlersammelkarte.
  Frankfurt: DGQ–Schrift Nr. 18–18, 1981

Bernhardt85
  Bernhardt, R.; Bernhardt, W.: Nummerungssysteme.
  Sindelfingen: Expert Verlag, 1985

Bhote88
  Bhote, K. R.: World class quality: design of experiments made easier, more cost ef-
  fective than SPC.
  5. Auflage, New York: AMA Membership Publications Division 1988 (AMA management briefing)

Bhote90
  Bhote, K. R.: Qualität – Der Weg zur Weltspitze: Die 7 praxisbezogenen Werkzeuge
  für moderne Versuchsmethodik. Einfacher und kostengünstiger als SPC.
  Großbottwar: IQM – Institut für Qualitätsmanagement, 1990

Biesinger93
  Biesinger, B.: Softwaremodul zur interaktiven Definition von qualitätsrelevanten
  Produkteigenschaften.
  Stuttgart: Institut für Industrielle Fertigung und Fabrikbetrieb, 1993 (Studienarbeit)

Bläsing91
  Bläsing, J.: Rechnerintegrierte Qualitätssicherung.
  In: CIM Handbuch / Geitner, U. (Hrsg.)
  2., vollst. überarbeitete und erweiterte Aufl.
  Braunschweig: Vieweg, 1991

Bullinger92
  Bullinger, H.–J.; Wasserloos, G.: Lean Production – Was steckt dahinter?
  Stuttgart: Institut für Arbeitswissenschaft und Technologiemanagement (IAT),
  Fraunhofer–Institut für Arbeitswirtschaft und Organisation (IAO), 1992 (Umdruck
  zur Vorlesung "Arbeitswissenschaft I")

Coad91
  Coad, P.; Yourdon, E.: Object–Oriented Analysis.
  2. Auflage
  Eaglewood Cliffs: Yourdon Press, 1991

Deckers94
  Deckers, J.; Schäbe, H.: FMEA und Fehlerbaumanalyse im Verbund nutzen.
  In: QZ 39 (1994) Nr. 1, S. 47–50

DGQ90
  Deutsche Gesellschaft für Qualität e.V. (Hrsg.): SPC 1 – Statistische Prozeßlenkung.
  Berlin: Beuth 1990 (DGQ–Schrift Nr. 16–31)

DGQ93
  Deutsche Gesellschaft für Qualität e.V. (Hrsg.): Begriffe zum Qualitätsmanagement.
  5. Auflage
  Berlin: Beuth, 1993 (DGQ–Schrift 11–04)

DIN199
  Norm DIN 199 Teil 2 12.77
  Begriffe im Zeichnungs– und Stücklistenwesen – Stücklisten

DIN4000
  Norm DIN 4000 Teil 1 09.81
  Sachmerkmalleisten – Begriffe und Grundsätze

DIN7184
  Norm DIN 7184 Teil 1 05.72
  Form– und Lagetoleranzen; Begriffe, Zeichnungseintragungen

DIN8580
  Norm DIN 8580 06.74
  Fertigungsverfahren – Einteilung

DIN8589
  Norm DIN 8589 Teil 0 03.81
  Fertigungsverfahren Spanen – Einordnung, Unterteilung, Begriffe

DIN25419
  Norm DIN 25419 11.85
  Ereignisablaufanalyse – Verfahren, grafische Symbole und Auswertung

DIN25424
  Norm DIN 25424 Teil 1 09.81
  Fehlerbaumanalyse – Methode und Bildzeichen
  Norm DIN 25424 Teil 2 09.81
  Fehlerbaumanalyse – Handrechenverfahren zur Auswertung eines Fehlerbaums

DIN25448
  Norm DIN 25448 05.90
  Ausfalleffektanalyse (Fehler–Möglichkeits– und –Einfluß–Analyse)

DIN55350

Norm E DIN 55350 Teil 11 11.92

Begriffe zu Qualitätsmanagement und Statistik – Grundbegriffe des Qualitätsmanagements

DINISO286

Norm DIN ISO 286 Teil 1 11.90

ISO–System für Grenzmaße und Passungen – Grundlagen für Toleranzen, Abmaße und Passungen

DINISO8402

Norm DIN ISO 8402 04.89

Qualität: Begriffe

Norm DIN ISO 8402 A1 10.89

Qualität: Begriffe (Änderung 1)

Norm E DIN ISO 8402 03.92

Qualitätsmanagement und Qualitätssicherung: Begriffe

DINISO9001

Norm DIN ISO 9001 Mai 1990:

Qualitätssicherungssysteme – Modell zur Darlegung der Qualitätssicherung in Design/Entwicklung, Produktion, Montage und Kundendienst

DINISO9002

Norm DIN ISO 9002 Mai 1990:

Qualitätssicherungssysteme – Modell zur Darlegung der Qualitätssicherung in Produktion und Montage

DINISO9003

Norm DIN ISO 9003 Mai 1990:

Qualitätssicherungssysteme – Modell zur Darlegung der Qualitätssicherung bei der Endprüfung

DINISO9004

Norm DIN ISO 9004 Mai 1990:

Qualitätsmanagement und Elemente eines Qualitätssicherungssystems – Leitfaden

Domschke71

Domschke, W.: Kürzeste Wege in Graphen: Algorithmen, Verfahrensvergleiche. Karlsruhe, Univ., Diss., 1971

Drabble93

Drabble, B.: EXCALIBUR: a program for planning and reasoning with processes. In: Artificial Intelligence 62 (1993) Nr. 1, S. 1–40

Dutschke93

Dutschke, W.: Fertigungsmeßtechnik. 2., vollst. überarb. und erw. Aufl. Stuttgart: Teubner, 1993

Englert92
   Englert, E.; Steger, W.: Simulation unterstützt flexible Produktionsprozesse.
   In: pa Produktionsautomatisierung (1992) Nr.2, S. 17–20

Englert93
   Englert, E.: Simulationssystem zur Qualitätsplanung für Prozesse der spanenden Be-
   arbeitung.
   In: Forschungstagung Qualitätssicherung '93, 15. September 1993, Frankfurt am
   Main / Forschungsgemeinschaft Qualitätssicherung e.V. (Hrsg.). Berlin: Beuth,
   S. 157–168

Englert94
   Englert, E. u.a.: Bereichsübergreifendes Qualitätsmanagement in der flexiblen Mon-
   tage.
   In: Die Montage im flexiblen Produktionsbetrieb: Kolloquium des Sonderfor-
   schungsbereichs 158 der Universität Stuttgart, 24. November 1994 / Warnecke, H.–J.
   (Hrsg.). Stuttgart: Institut für Industrielle Fertigung und Fabrikbetrieb, 1994,
   S. 127–167

Englert95
   Englert, E.; Gücker, A.; Kempf, M.; Schmidt, H.: Das Qualitätsinterface – Ein Sy-
   stem zur Realisierung dynamischer Regelkreise in der flexiblen Montage.
   In: QZ 40 (1995) Nr. 3, S. 296–300

Estrop92
   Estrop, S. J.; Kaye, M. M.; Nevell, T. G.: The use of Computer Simulation in Imple-
   menting a manufacturing Process Quality Modelling System.
   In: International Journal of Quality & Reliability Management 9 (1992) Nr. 7,
   S. 7–16

Eversheim89
   Eversheim, W.: Organisation in der Produktionstechnik.
   Düsseldorf: VDI–Verlag, 1989 (Studium und Praxis)

Eversheim90
   Eversheim, W.: Organisation in der Produktionstechnik. Bd.2 Konstruktion.
   2., neubearb. Aufl.
   Düsseldorf: VDI–Verlag, 1990

Feldmann88
   Feldmann, K.; Schmidt, B.: Simulation in der Fertigungstechnik.
   Berlin u.a.: Springer, 1988 (Fachberichte Simulation)

FORD86
   Ford AG: Statistische Prozeßregelung – Leitfaden EU880b.
   Köln, 1986 – Firmenschrift

FORD90
   Ford AG: Process Capability.
   Köln, 1990 – Firmenschrift

Frick88
Frick, A.; Nemeczek, H.: Kybernetische Methoden.
Reutlingen: Fachhochschule, Fachbereich Wirtschaftsinformatik, 1988 (Vorlesungsskript)

Gangl93
Gangl, P.: Produktionslogistik mit Simulationstechnik.
In: pa Produktionsautomatisierung (1993) Nr. 3, S. 36–37

Ganiyusufoglu88
Ganiyusufoglu, Ö.: Gestaltungsvarianten integrationsfähiger flexibler Fertigungszellen am Beispiel der Drehbearbeitung.
Berlin, Heidelberg, New York, London, Paris, Tokyo: Springer 1988 (IPA–IAO–Forschung und Praxis, Band T9)

Geitner91
Geitner, U. (Hrsg.): CIM Handbuch.
2., vollst. überarbeitete und erweiterte Aufl.
Braunschweig: Vieweg, 1991

Gimpel93
Gimpel, B.: Optimierung durch Versuchsmethodik.
In: pa Produktionsautomatisierung (1993) Nr. 3, S. 45–48

Godwin92
Godwin, J. U.: Neural Networks Applications in Manufacturing Processes.
In: Computers & Industrial Engineering 23 (1992) Nr. 1–4, S. 97–100

Goutier90
Goutier, U.: CAQ im CIM–Umfeld.
In: CAD CAM CIM Sonderteil in Hanser–Fachzeitschriften, März (1990), S. 68–70

Grabowski89
Grabowski, H.; Anderl, R.; Schilli, B.; Schmitt, M.: STEP – Entwicklung einer Schnittstelle zum Produktdatenaustausch.
In: VDI–Z 131 (1989), Nr. 9, S. 68–76

Grabowski92
Grabowski, H.; Anderl, R.; Schmidt, M.: STEP: Die Beschreibung von Produktstrukturen mit dem Teilmodell PSCM.
In: VDI–Z 134 (1992), Nr. 3, S. 51–55

Graham91
Graham, I.: Object Oriented Methods.
New York: Addison–Wesley, 1991

Gumpoltsberger93
Gumpoltsberger, D.: Strategie zur Akquisition und Analyse von Daten zur Modellierung der Qualität spanender Bearbeitungsprozesse.
Stuttgart: Institut für Industrielle Fertigung und Fabrikbetrieb, 1993 (Diplomarbeit)

Haddock90
  Haddock, J.; O'Keefe, R.: Using Artificial Intelligence to facilitate Manufacturing Systems Simulation.
  In: Computers & Industrial Engineering 18 (1990) Nr. 3, S. 275–283

Haermeyer91
  Haermeyer, Th.: Methodik zur Planung von Informationssystemen zur Qualitätsplanung.
  Aachen: Rheinisch–Westfälische Technische Hochschule, Diss., 1991

Haller93
  Haller, J.: Entwurf einer Datenbasis zur Abbildung qualitätstechnisch relevanter Eigenschaften von Produkten und Produktionsprozessen.
  Stuttgart: Institut für Industrielle Fertigung und Fabrikbetrieb, 1993 (Studienarbeit)

Hans92
  Hans, R.: QS–Element "Statistische Methoden".
  In: QZ 37 (1992) Nr. 11, S. 665–667

Hartberger91
  Hartberger, H.: Wissensbasierte Simulation komplexer Produktionssysteme.
  Berlin u.a.: Springer, 1991 (Forschungsberichte Band 32)
  Zugl. München, TU, Diss., 1990

Hartung85
  Hartung, J.: Lehr– und Arbeitsbuch der angewandten Statistik.
  4. Auflage
  München u.a.: Oldenbourg, 1985

Herkommer93
  Herkommer, F.: Simulationsgestützte Anlagenplanung und Arbeitsvorbereitung.
  In: IPA–Technologie–Forum Simulationsgestützte Methoden zur Planung und Optimierung komplexer Produktionsabläufe, 27. Oktober 1993 in Stuttgart / Schraft, R.–D. (Hrsg.). Stuttgart: FpF – Verein zur Förderung produktionstechnischer Forschung e.V., 1993, S. 115 – 126

Heusler89
  Heusler, H.–J.: Rechnerunterstützte Planung flexibler Montagesysteme.
  Berlin u.a.: Springer, 1989

Hocking76
  Hocking, R.: The analysis and selection of variables in linear regression.
  In: Biometrics (1976) Nr. 32, S. 1–49

Hodgson93
  Hodgson, A.: Production planning and control within a CIM environment: some current developments and requirements for the future.
  In: Production Planning & Control 4 (1993) Nr. 4, S. 296–303

Hoischen93
>Hoischen, H.: Technisches Zeichnen – Grundlagen, Normen, Beispiele, Darstellende Geometrie.
24., neubearbeitete Auflage
Berlin: Cornelsen, 1993

Isermann92
>Isermann, R.: Identifikation dynamischer Systeme 1 – Grundlegende Methoden.
2. Auflage
Berlin u.a.: Springer, 1992

Ishikawa69
>Ishikawa, K.: Cause and Effect Diagram.
In: International Conference on Quality Control / JUSE (Hrsg.). Tokyo: JUSE, 1969, S. 607–610

ISO10303
>Norm ISO 10303 Teil 49 11.94
Product Data Representation and Exchange: Process structure and properties.
(Working Draft)

John79
>John, B.: Statistische Verfahren für technische Meßreihen.
München: Hanser, 1979

Jones93
>Jones, A.; Rabelo, L.: Real–Time Decision Making Using Neural Nets, Simulation, and Genetic Algorithms.
In: Int. Journal of Flexible Aut. and Integr. Manufactg. 1 (1993) Nr. 2, S. 119–131

Jünemann89
>Jünemann, R.: Materialfluß und Logistik: Systemtechnische Grundlagen mit Praxisbeispielen.
Berlin u.a.: Springer, 1989 (Logistik in Industrie, Handel und Dienstleistungen)

Juran88
>Juran, J.M.: Quality Control Handbook.
4. Auflage
New York: McGraw Hill, 1988

Kirstein87
>Kirstein, H.: Qualitätsfähigkeit von Fertigungsprozessen.
In: Praxishandbuch Qualitätssicherung, Bd. 2 / Bläsing, J. (Hrsg.)
München: gfmt, 1987

Klein92
>Klein, B.: Schwachstellen in Konstruktion und Planung systematisch analysieren und beseitigen.
In: QZ 37 (1992) Nr. 12, S. 741–747

Koelsch92
  Koelsch, J.: Prove It with Simulation.
  In: Manufacturing Engineering 109 (1992) Nr. 5, S. 51–55

Krauth93
  Krauth, J.: Simulation und künstliche Intelligenz – Ein Überblick.
  In: it+ti 35 (1993) Nr. 6, S. 5–9

Krottmaier91
  Krottmaier, J.: Taguchi, Shainin – Stein der Weisen?
  In: QZ 36 (1991) Nr. 2, S. 90–93

Krüger92
  Krüger, J.; Suwalski, I.: Fuzzy Logik und neuronale Netze in der Maschinendiagnose.
  In: ZwF 87 (1992) Nr. 11, S. 611–615

Kunerth81
  Kunerth, W.; Werner, G.: EDV–gerechte Verschlüsselung – Grundlagen und Anwendung moderner Nummernsysteme.
  2. Auflage
  Stuttgart, Wiesbaden, 1981

Laakmann92
  Laakmann, J.; Reineke, B.: FMEA – Rationelles Gestalten des Methodeneinsatzes überfällig.
  In: QZ 37 (1992) Nr. 11, S. 668–671

Law89
  Law, A.; Haider, S.: Selecting Simulation Software for Manufacturing Applications: Practical Guidelines & Software Survey.
  In: Industrial Engineering 21 (1989) Nr. 5, S. 33–46

Lueg72
  Lueg, H.; Moll, W.–P.: Fertigungsbeschreibendes Klassifizierungssystem.
  In: Werkzeugmaschinen International (1972) Nr. 5, S. 17ff

Mai91
  Mai, C.; Schloske, A.: Rechnerunterstützte Fehlermöglichkeits– und –einflußanalyse (FMEA).
  Stuttgart: Fraunhofer–Institut für Produktionstechnik und Automatisierung, 1991
  (Produktdatenblatt 5.60)

Masing88
  Masing, W. (Hrsg.): Handbuch der Qualitätssicherung.
  2., überarb. Auflage
  München; Wien: Hanser, 1988

Mathematica92
  N.N.: Guide to Standard Mathematica Packages.
  Champaign: Wolfram Research, 1992

Melchior90
Melchior, K.; Steger, W.; Garbrecht, Th.: Informationsfluß und Qualitätsprüfung in CAD/CAM–Umgebungen.
In: wt Werkstattstechnik 80 (1990) Nr. 2, S. 83–88

Melz92
Melz, M.: Prozesse absolut betrachten.
In: QZ 37 (1992) Nr. 12, S. 751–753

Mertens89
Mertens, P.; Ringlstetter, T.: Verbindung von wissensbasierten Systemen mit Simulation im Fertigungsbereich.
In: OR Spektrum (1989) Nr. 11, S. 205–216

Meyna82
Meyna, A.: Einführung in die Sicherheitstheorie.
München, Wien: Hanser, 1982

Miller89
Miller, R.; Walker, T.: Survey on Manufacturing Simulation.
Madison (USA): Future Technology Surveys Inc., 1989

Möhrle89
Möhrle, M.: Petrinetze in der Produktionstechnik – Integration von Planung, Simulation und Steuerung von Produktionsanlagen.
Bochum, Ruhr–Universität, Diss., 1989

Möller92
Möller, D.: Modellbildung, Simulation und Identifikation dynamischer Systeme.
Berlin u.a.: Springer, 1992

Narang93
Narang, R.; Fischer, G.: Development of a framework to automate process planning functions and to determine machining parameters.
In: International Journal of Production Research 31 (1993) Nr. 8, S. 1921–1942

Neugebauer93
Neugebauer, J.: Vision von einer integrierten Produkt– und Produktionsplanung mittels virtueller Welten.
In: IPA–Technologie–Forum Simulationsgestützte Methoden zur Planung und Optimierung komplexer Produktionsabläufe, 27. Oktober 1993 in Stuttgart / Schraft, R.–D. (Hrsg.). Stuttgart: FpF – Verein zur Förderung produktionstechnischer Forschung e.V., 1993, S. 137–146

Noche91
Noche, B.; Wenzel, S.: Marktspiegel Simulationstechnik in Produktion und Logistik.
Köln: TÜV Rheinland, 1991

Oestreich92
  Oestreich, B.: Neuere statistische Betrachtungsweisen zur Prozeßbeurteilung und
  –Regelung bei der Einzel– und Kleinserienfertigung.
  In: Forschungstagung Qualitätssicherung '92, 17. September 1992, Frankfurt am
  Main / Forschungsgemeinschaft Qualitätssicherung e.V. (Hrsg.). Berlin: Beuth,
  S. 79–90

Opitz65
  Opitz, H.: Werkstücksystematik und Teilefamilienfertigung.
  Essen: W. Girardet, 1965

Pagenkopp90
  Pagenkopp, R.: Ein ganzheitliches CAQ–System – der Weg dorthin.
  In: QZ 35 (1990) Nr. 5, S. 268–274

Petrick90
  Petrick, H.: FMEA – wieder ein neues Schlagwort?
  In: Blech, Rohre, Profile 37 (1990) Nr. 5, S. 320–322

Pfeifer90
  Pfeifer, T.: Aspekte der Erarbeitung und des Transfers von Wissen auf dem Gebiet
  der Qualitätssicherung.
  In: QZ 35 (1990) Nr. 4, S. 199–202

Pfeifer91
  Pfeifer, T.; Köppe, D.: Entwicklung und Beschreibung eines produkt– und branchen-
  neutralen Qualitäts–Informationssatzes "QDES" (Quality Data Exchange Specifica-
  tion).
  Frankfurt: Forschungskuratorium Maschinenbau e.V., 1991 (FKM Forschungshefte
  Nr. 160)

Pfeifer93
  Pfeifer, T.: Qualitätsmanagement: Strategien, Methoden, Techniken.
  München; Wien: Hanser, 1993

Plapp92
  Plapp, C.: Wissensverarbeitung in einem Fertigungsleitstand – Möglichkeiten und
  Grenzen.
  In: ZwF 87 (1992) 11, S. 622–625

PPSF87
  N. N.: PPS–Fachmann – Grundlagen, Planung, Steuerung.
  Köln: Verlag TÜV Rheinland, 1987 (PPS–Fachmann, Bd. 2)

Pritsker86
  Pritsker, A.: Introduction to Simulation and SLAM II.
  3. Auflage
  New York, Chichester, Brisbane: John Wiley & Sons, 1986

Quentin92
Quentin, H.: Grundzüge, Anwendungsmöglichkeiten und Grenzen der Shainin Methoden.
In: QZ 37 (1992) Nr. 6, S. 345–348 (Teil 1),
QZ 37 (1992) Nr. 7, S. 416–419 (Teil 2)

REFA75
N. N.: Methodenlehre der Planung und Steuerung – Planung Teil 2.
2. Auflage
München: Hanser, 1975

Reisig86
Reisig, W.: Petrinetze – Eine Einführung.
2. Auflage
Berlin u.a.: Springer, 1986

Schade90
Schade, B.; Schade, K.-G.: Simulation bei der NC–Programmierung.
In: CAD CAM CIM Sonderteil in Hanser–Fachzeitschriften, März (1990), S. 28–31

Scharf90
Scharf, P.; Spies, W.: Fabriksimulation – Ergebnisse einer Befragung von Anwendern.
In: VDI–Z 132 (1990) Nr. 11, S. 62–65

Scheffler86
Scheffler, E.: Einführung in die Praxis der statistischen Versuchplanung.
4. Auflage
Leipzig: VEB Deutscher Verlag für Grundstoffindustrie, 1986

Schloske90
Schloske, A.: Fehlermöglichkeits– und –einflußanalyse (FMEA) – Methodik, Durchführung und Entwicklungstendenzen der FMEA.
In: Handbuch Qualitätstechnik / Warnecke, H.–J.; Melchior, K.; Kring, J. München: verlag moderne industrie, 1990

Schloske92
Schloske, A.: Fehlermöglichkeits– und –einflußanalyse (FMEA) – Methodik, Durchführung und Rechnerunterstützung der FMEA.
Stuttgart: Fraunhofer–Institut für Produktionstechnik und Automatisierung (IPA), 1992 (Vortragsmanuskript im VDI/DGQ–Arbeitskreis zur Förderung der Qualität (AMP))

Schmidt78
Schmidt, B.: GPSS–Fortran Version II.
2. Auflage
Berlin u.a.: Springer, 1978

Schmidt93
Schmidt, B.; Kreutzfeldt, J.: Concurrent Process Planning and Scheduling Using Nonlinear Process Plans.
In: International Journal of Flexible Automation and Integrated Manufacturing 1 (1993) Nr. 2, S. 81–92

Schnelle92
Schnelle, K.; Mah, R.: A Real–Time Expert System for Quality Control.
In: IEEE Expert 7 (1992) Nr. 5, S. 36–42

Schreyer93
Schreyer, U.: "Wir müssen an den Endverbraucher ran" – Zuliefererhandwerk sucht mehr Unabhängigkeit von den Großkunden.
In: Stuttgarter Zeitung 79 (1993), 5. April 1993

Schuler89
Schuler, H.: Methoden der Prozeßführung mit Simulationsmodellen.
In: Automatisierungstechnische Praxis atp 31 (1989) Nr. 11, S. 519–523

Schulz86
Schulz, H.; Vossloh, M.: Modellgestützte Diagnosesysteme zur flexiblen Überwachung der Fertigung.
In: Werkstatt und Betrieb 119 (1986) Nr. 4, S. 295–300

Schuster88
Schuster, R.; Trippner, D.; Griesbach, K.: Datenmodelle für den Austausch von Produkt– und Fertigungsdaten.
In: Informatik Forschung und Entwicklung (1988) Nr. 3, S. 139–146

Shlaer88
Shlaer, S.; Mellor, S.: Object–Oriented Systems Analysis – Modelling the World in Data.
Englewood Cliffs: Yourdon Press, 1988

Simon92
Simon, C.: Simultan und qualitätsgesteuert planen – Qualitätsgesteuertes Simultaneous Engineering am Beispiel Quality Function Deployment.
In: QZ 37 (1992) Nr. 11, S. 672–675

Singh91
Singh, D. K.: You Can Use Simulation To Make The Correct Decisions.
In: Industrial Engineering 23 (1991) Nr. 5, S. 39–42

Soliman87
Soliman, M.: Simulationssprachen und –pakete für die Codierung diskreter fertigungstechnischer Modelle – Eine Übersicht.
In: at 35 (1987) Nr. 2, S. 50–55

Sriraman90
  Sriraman, V.; Tosirisuk, P.; Chu, H.: Object–oriented Databases for Quality Function Deployment and Taguchi Methods.
  In: Computers & industrial Engineering 19 (1990) Nr. 1–4, S. 285–289

Stange75
  Stange, K.: Kontrollkarten für meßbare Merkmale.
  Berlin, Heidelberg, New York: Springer, 1975

Stein93
  Stein, W.: Objektorientierte Analysemethoden – ein Vergleich.
  In: Informatik–Spektrum (1993) Nr.16, S. 317–332

Taguchi86
  Taguchi, G.: Introduction to Quality Engineering.
  Tokyo: Asian Productivity Organisation, 1986

Taguchi87
  Taguchi, G.: System of Experimental Design; Vol. I und II.
  Dearborne: American Supplier Institute Inc., Center for Taguchi Methods, 1987

Tansel92
  Tansel, I. N.: Modelling 3–D Cutting Dynamics with Neural Networks.
  In: International Journal of Machine Tools & Manufacture 32 (1992) Nr. 6, S. 829–853

Thole90
  Thole, P.: Systemplanung in der automatisierten Fertigung.
  In: ZwF 85 (1990) Nr. 1, S. 14–19

Thome90
  Thome, H. G.: Simulationsgestützte Planung und Betrieb von flexiblen Produktionssystemen im Regelkreis.
  Aachen, Rheinisch–Westfälische Technische Hochschule, Dissertation, 1990

Tönshoff89
  Tönshoff, H. K. u.a.: Wissensbasierte Planung von flexiblen Fertigungsanlagen.
  In: ZwF CIM 84 (1989) Nr. 11, S. 635–639

Torre92
  Torre, S.: Betriebsführung mit einem Qualitäts–Informationssystem.
  In: Werkstatt und Betrieb 125 (1992) Nr. 11, S. 839–842

VDI3633
  VDI–Richtlinie VDI 3633 03.83:
  Anwendung der Simulationstechnik zur Materialflußplanung.

Volz93
Volz, H.: Einsatz von Simulationssystemen am Beispiel Automatisch Chaotisch Palettieren.
In: IPA–Technologie–Forum Simulationsgestützte Methoden zur Planung und Optimierung komplexer Produktionsabläufe, 27. Oktober 1993 in Stuttgart / Schraft, R.–D. (Hrsg.). Stuttgart: FpF – Verein zur Förderung produktionstechnischer Forschung e.V., 1993, S. 127 – 136

Wang93
Wang, K.–S.; Hsia, H.–W.; Zhuang, Z.–D.: An intelligent decision system for a modern manufacturing system.
In: International Journal of Computer Integrated Manufacturing 6 (1993) Nr. 5, S. 281–292

Ward92
Ward, R.; Huang, W.: Simulation with Object Oriented Programming.
In: Computers and Industrial Engineering 23 (1992) Nr. 1–4, S. 219–222

Warnecke88
Warnecke, H.–J.; Melchior, K. W.; Ahlers, R.–J.; Kring, J.: Qualitätshandbuch.
Landsberg: verlag moderne industrie 1988

Warnecke92
Warnecke, H.–J.: Die Fraktale Fabrik: Revolution der Unternehmenskultur.
Berlin u.a.: Springer, 1992

Warnecke93
Warnecke, H.–J.; Steinhilper, R.; Storn, H.: Erfahrungen und Empfehlungen aus 100 FFS–Projekten.
In: Werkstatt und Betrieb 126 (1993) Nr. 1, S. 30–32

Warnecke93b
Warnecke, H.–J.: Der Produktionsbetrieb.
2., völlig neubearb. Auflage
Berlin u.a.: Springer, 1993

Weippert94
Weippert, J.: Softwaremodul zur Analyse qualitätsrelevanter Einflußgrößen spanender Bearbeitungsprozesse.
Stuttgart: Institut für Industrielle Fertigung und Fabrikbetrieb, 1994 (Diplomarbeit)

Weis94
Weis, B.: Modellierung des Einflusses spanender Fertigungsprozesse auf Produkteigenschaften mit Hilfe neuronaler Netze.
Stuttgart: Institut für Industrielle Fertigung und Fabrikbetrieb, 1994 (Studienarbeit)

Wenzel93
Wenzel, S.: Objektorientierter Software–Baukasten zur Konfiguration von Simulationswerkzeugen.
In: it+ti 35 (1993) Nr. 6, S. 25–33

Westkämper91
  Westkämper, E,: Integrationspfad Qualität.
  Köln: Verlag TÜV Rheinland, 1991

Wheeler86
  Wheeler, D.: Understanding statistical process control.
  Knoxville (USA): Statistical process controls, 1986

Wiendahl86
  Wiendahl, H.-P.: Betriebsorganisation für Ingenieure.
  2., durchges. Aufl.
  München, Wien: Hanser, 1986

Wolf88
  Wolf, R.: CAQ als CIM–Baustein.
  In: Fortschrittliche Betriebsführung / Industrial Engineering 37 (1988) Nr. 4,
  S. 166–171

Wood92
  Wood, M.; Preece, D.: Using Quality Measurements: Practice, Problems and Possibi-
  lities.
  In: International Journal of Quality & Reliability Management 9 (1992) Nr. 7,
  S. 42–53

Wunderlich93
  Wunderlich, H.: Prozeßorientierte Computersimulationen – Anforderungen an Ar-
  chitektur und Systemtechnik fortschrittlicher Simulationssysteme.
  In: at Automatisierungstechnik 41 (1993) Nr. 12, S. 445–450

Zell90
  Zell, M.; Scheer, A.–W.: Struktur einer integrierten Simulationsumgebung für die
  Fertigungssteuerung.
  In: Information Management (1990) Nr. 3, S. 56–64

ZF92
  Zahnradfabrik Friedrichshafen AG: Prozeßfähigkeitsermittlung zur Maschinenab-
  nahme.
  Friedrichshafen, 1992 – Firmenschrift

Ziegler92
  Ziegler, A.: Entwurf eines Systems zur Simulation von Qualitätsveränderung in ver-
  ketteten Produktionssystemen.
  Reutlingen, Stuttgart: Fachhochschule für Technik, Universität Stuttgart (Institut für
  Industrielle Fertigung und Fabrikbetrieb), 1992 (Diplomarbeit)

ZVEI92
  Fachverband Informations– und Kommunikationstechnik im ZVEI (Hrsg.): Rech-
  nerunterstützte Methoden in der Qualitätssicherung.
  Hofheim am Taunus: Werner, 1992

IPA Forschung und Praxis

Schriftenreihe aus dem Institut für Produktionstechnik und Automatisierung, Stuttgart

Herausgeber: Prof. Dr.-Ing. H. J. Warnecke

IPA Forschung und Praxis

Berichte aus dem Fraunhofer-Institut für Produktionstechnik und Automatisierung, Stuttgart, und dem Institut für Industrielle Fertigung und Fabrikbetrieb der Universität Stuttgart

Herausgeber: Prof. Dr.-Ing. H. J. Warnecke

231 **Qualitätsgerechte Auslegung flexibler Produktionssysteme mit Hilfe von Simulation**
Von Egbert Englert ISBN 3-540-61277-7
1996, 126 Seiten mit 60 Abbildungen.   88,– DM

Die Bände sind im Erscheinungsjahr und in den folgenden drei Kalenderjahren zu beziehen durch den örtlichen Buchhandel oder durch Lange & Springer, Otto-Suhr-Allee 25–28, 10585 Berlin.